21세기 가족 레포츠
탐조여행 주남의 새

펴낸곳 / (주)현암사
펴낸이 / 조근태
글·사진 / 최종수
감수 / 이우신

주간 / 형난옥
편집책임 / 김영화·서현미
디자인 / 이경화·정해욱
제작 / 신용직

초판 발행 / 2003년 2월 15일
등록일 / 1951년 12월 24일 · 10-126

주소 / 서울시 마포구 아현 3동 627-5 · 우편번호 121-862
전화 / 365-5051
팩스 / 313-2729 · 편집부 365-5251
E-mail / editor@hyeonamsa.com
사이버 철학 카페 / www.sophie.co.kr
사이버 법정 / www.i-solomon.co.kr

ⓒ 최종수 · 2003

*지은이와 협의하여 인지를 생략합니다.
*잘못된 책은 바꾸어 드립니다.

ISBN 89-323-1168-4 03400

탐조여행 주남의 새

탐조여행 주남의 새

최종수 글·사진 | 이우신 감수

현암사

머리말

 새를 찾아 떠나는 여행, 즉 탐조여행만큼 가슴 설레는 여행도 드물다. 새는 그 자체가 살아 있는 자연이고, 탐조여행은 새를 통해 자연의 신비함을 느끼면서 자연과 하나가 되는 생명여행이기 때문이다. 수천 수만 마리의 새가 한꺼번에 하늘을 나는 장면을 지켜보고 있노라면 이보다 더 즐겁고 기쁜 일은 없다. 꿈을 안고 어디론가 날아가는 새떼를 보면 생명에 대한 경이로움과 어떤 자연 경관을 볼 때보다 감동적인 짜릿함도 느낄 수 있다. 수수한 모습의 새라도 저마다 독특한 아름다움을 간직하고 있어서, 400여 종에 가까운 수많은 새를 관찰하는 탐조여행은 어디에도 비교할 수 없이 재미있다.

 18년 전 필자는 경남대학교에서 생물학을 전공하면서 탐조여행의 매력에 푹 빠졌다. 1992년 경상남도 창원군 공무원으로 생활하면서 주남저수지의 구석구석을 제대로 찾아다니며, 꾸준히 새 사진을 찍어 왔다.

 "새들이 보금자리를 지키도록 도와 주고, 물질 문명에 찌든 사람들에게 휴식의 공간을 마련해 주기 위한 소박한 취지"에서 시작한 일이 이제는 삶의 일부가 되었다.

 특히 해가 뜨고 질 무렵에 수천 마리의 가창오리가 하늘을 무대로 삼아 아슬아슬하게 보인 곡예 비행은 평생토록 잊지 못할 황홀한 광경이었다. 고니의 우아한 모습과 청둥오리와 기러기의 현란한 군무 등도 볼 수 있어서 휴일이면 어김없이 카메라를 둘러메고 이곳을 찾는다.

주남저수지는 경상남도 창원시 동읍에 있고, 대개 주남·동판·산남 저수지를 통틀어 말한다. 총면적이 180만 평쯤 되는 세 저수지는 오래 전에 낙동강이 범람해 이뤄진 자연 습지로, 물길이 서로 이어져 있으며 거리도 가까워 하나의 자연 생태계를 이룬다. 한때 동양 최대의 철새 도래지였던 을숙도에 낙동강 하구언댐이 건설돼 강물의 오염이 점차 심각해지자, 을숙도에서 겨울을 나던 철새가 새로운 보금자리를 찾아 30km쯤 떨어진 주남저수지로 날아들기 시작한 것이다. 해마다 10월 중순이면 겨울 철새가 시베리아와 중국 대륙에서 어김없이 찾아와 이듬해 3월까지 겨울을 난다. 이젠 우리 나라에서 손꼽히는 '새의 왕국'이 되었다.

해마다 많은 철새가 이곳을 찾아오는 이유는 광활한 면적에 풍부한 먹이와 따뜻한 기후 등 월동하기 좋은 조건을 갖추고 있기 때문이다. 연평균 기온이 26.5℃로 온화한 온대성 기후 지역이고 연중 가장 기온이 낮은 1월의 최저 기온은 -1.4℃, 최고 7℃로 겨울철에도 저수지 수면이 쉽게 얼지 않아 월동하는 새에게는 최적의 보금자리다. 저수지 가운데 우거진 갈대숲과 저수지 서남쪽의 병풍 같은 산자락은 안전한 휴식처여서 겨울에도 아늑하게 지낼 수 있다.

이처럼 철새 도래지로서의 조건을 두루 갖춘 주남저수지에는 매우 다양한 철새가 찾아든다. 대표적인 겨울 철새로는 천연기념물 제201호 고니·큰고니, 제202호 두루미, 수는 많지 않지만 '겨울의 귀한 손님'인 천연기념물 제203호 재두루미와 제205호 노랑부리저어새, 제199호 황새, 제325호 개리, 제327호 원앙, 제243호 독수리·검독수리, 제323호 황조롱이·잿빛개구리매 등을 비롯하여 가창오리, 청둥오리, 쇠오리, 큰기러기, 쇠기러기, 고방오리 등 100여 종이 넘는다.

겨울 철새 이외에도 중대백로, 중백로, 황로, 해오라기, 왜가리, 깝작도요, 쇠물닭 등 여름 철새와 꺅도요, 흑꼬리도요, 물수리 등의 나그네새 그리고 동박새, 딱새, 직박구리, 황조롱이, 매, 소쩍새 등 텃새를 관찰할 수 있다. 방아깨비,

팥중이, 작은멋쟁이나비, 배추흰나비, 등검은메뚜기, 아시아실잠자리, 나비잠자리 등 다양한 곤충도 서식하며, 줄, 갈대, 마름, 노랑어리연꽃, 어리연꽃, 물옥잠, 부레옥잠, 석잠풀, 자운영, 이질풀, 가시연꽃 등 수많은 식물도 자생하므로 최적의 조건을 갖춘 자연학습장이다.

  필자는 개발이라는 미명 아래 파괴돼 가는 자연을 보호하기 위한 소박한 사람들의 모임인 〈주남과 함께하는 사람들〉의 대표다. '주남저수지 지킴이'인 필자는 12년째 주남저수지를 샅샅이 뒤지며 동·식물을 카메라에 꾸준히 담아 왔다. 그 동안 자료로 찍은 필름은 이곳을 한 바퀴 돌고도 남을 정도인데, 이번에 그 정수(精髓)를 뽑아 한 권으로 엮게 되었다. 탐조여행을 하러 주남저수지를 찾는 사람들에게는 새를 관찰할 때 필요한 알짜배기 정보부터 촬영 안내까지 제공하며, 어린이에게는 자연 보호의 필요성을 일깨워 주고, 주남저수지를 지키는 주민들에게는 우리 고장의 소중함을 깨닫게 하고 싶다.

  끝으로 부족한 필자에게 학문적인 도움을 준 박진영 씨와 이 책을 감수해 주신 이우신 박사님, 힘든 촬영이지만 동행해 준 김태좌 후배에게 고마운 마음을 전한다. 특히 처음 사진을 시작할 수 있도록 도와 주신 부모님과 그 동안 촬영으로 가족에게 소홀해도 참고 응원해 준 아내와 딸 한별이, 어진이에게 고마운 마음을 전한다. 이 책을 출판하는 데 힘써 주신 현암사 조근태 사장님과 형난옥 전무님께도 감사드리며, 좋은 책을 만들기 위해 밤늦도록 고생한 김영화·서현미 님에게 깊은 애정을 보낸다.

  주남저수지가 새들의 영원한 보금자리로 오래 보존되고 새들의 아름다운 비행이 계속되기를 기원하며…….

2003년 2월
최종수

차례

머리말 | 5
일러두기 | 10
아름다운 비행을 꿈꾸며 | 11
탐조여행을 떠나요 | 22
탐조 길잡이 | 24
주남저수지 탐조 포인트 | 26
주남에서 볼 수 있는 천연기념물 | 28
형태에 따른 새의 분류 | 30
새의 각 부분 명칭 | 31
조류 관찰자 행동 수칙 | 33

겨울철에 주남을 찾아오는 새 (Winter Visitors)

청둥오리 36 | 흰뺨검둥오리 38 | 넓적부리 39 | 황오리 40 | 쇠오리 41
가창오리 42 | 홍머리오리 44 | 청머리오리 45 | 고방오리 46 | 알락오리 48
혹부리오리 49 | 원앙 50 | 흰뺨오리 52 | 댕기흰죽지 53 | 흰죽지 54
흰비오리 56 | 개리 57 | 쇠기러기 58 | 흰기러기 60 | 캐나다기러기 61
큰부리큰기러기 62 | 고니 64 | 큰고니 66 | 노랑부리저어새 68 | 저어새 70
황새 71 | 뿔논병아리 72 | 민물가마우지 73 | 재두루미 74 | 두루미 76
흑두루미 77 | 독수리 78 | 검독수리 79 | 흰죽지수리 80 | 잿빛개구리매 81
말똥가리 82 | 붉은부리갈매기 83 | 댕기물떼새 84 | 민물도요 86
긴부리도요 88 | 논병아리 89 | 백할미새 90 | 밭종다리 91 | 홍여새 92
되새 93 | 콩새 94 | 쑥새 95 | 개똥지빠귀 96 | 흰날개해오라기 98

여름철에 주남을 찾아오는 새 (Summer Visitors)

황로 102 | 중대백로 104 | 중백로 106 | 쇠백로 108 | 왜가리 110
해오라기 112 | 덤불해오라기 114 | 쇠꼬리 115 | 쇠물닭 116 | 꼬마물떼새 118
깝작도요 119 | 노랑할미새 120 | 알락할미새 121 | 제비 122 | 찌르레기 123
개개비 124 | 물총새 126 | 솔부엉이 127

주남에 잠시 머무르는 새 (Passage Migrants)

꺅도요 130 | 학도요 131 | 흑꼬리도요 132 | 청다리도요 134 | 메추라기도요 135
좀도요 136 | 개꿩 137 | 물수리 138 | 쇠솔새 139 | 장다리물떼새 140

사계절 주남에서 사는 새 (Residents)

직박구리 144 | 때까치 146 | 붉은머리오목눈이 147 | 오목눈이 148
곤줄박이 149 | 딱새 150 | 박새 152 | 동박새 154 | 쇠딱다구리 155
노랑턱멧새 156 | 멧새 157 | 방울새 158 | 참새 159 | 멧비둘기 160
종다리 161 | 어치 162 | 까치 163 | 꿩 164 | 매 165 | 황조롱이 166
큰소쩍새 168 | 흰목물떼새 169 | 물닭 170

주남의 자연 | 172
참고문헌 | 181
찾아보기 | 182

일러두기

이 책은 주남저수지에서 쉽게 볼 수 있는 새 중 100여 종을 다루었다. 주남저수지는 겨울 철새의 도래지로 유명하므로 탐조인이 많이 찾는 계절 - '겨울철에 주남을 찾아오는 새', '여름철에 주남을 찾아오는 새', '주남에 잠시 머무르는 새', '사계절 주남에서 사는 새' - 순으로 내용을 전개하였다. 따라서 새의 이동성에 바탕을 둔 일반 분류 '겨울 철새, 여름 철새, 텃새, 나그네새'와 다른 부분도 있음을 밝혀 둔다. 예를 들면 희귀한 여름 철새인 저어새와 흰날개해오라기, 길잃은새 긴부리도요는 주로 겨울철에 주남저수지에서 볼 수 있으므로 '겨울철에 주남을 찾아오는 새' 항목에 넣었다.

각 항의 제목에서

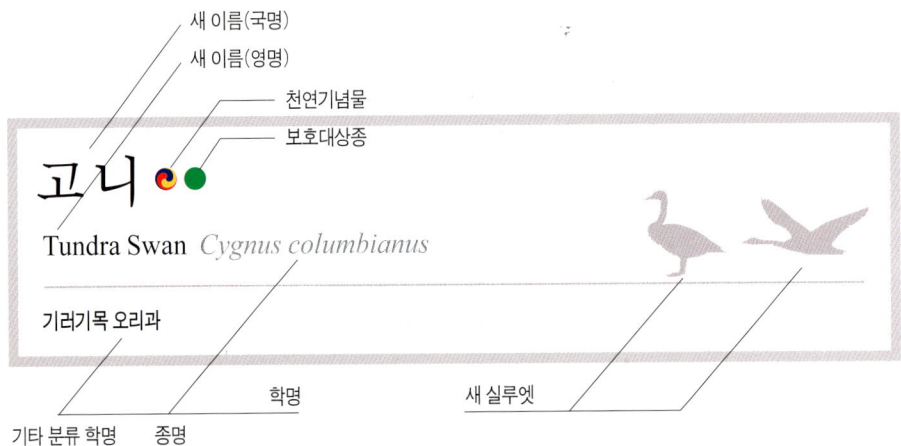

▷ 천연기념물 🔴, 보호대상종 🟢, 멸종위기종 🔴 은 새 이름 옆에 따로 표기했다.

▷ 물 위에 떠 있는 모습, 하늘을 나는 모습, 땅 위에 서 있는 모습을 실루엣으로 넣어 새 종을 멀리서도 구분할 수 있도록 했다.

▷ 새의 설명은 국문과 영문을 함께 실었다. 서식지, 형태와 특성(수컷과 암컷 비교, 여름깃, 겨울깃, 어린새), 생태, 먹이, 실태 등 다양한 내용을 실어 새의 생태에 대해 알찬 정보를 제공한다.

▷ 영문에서 각 단어는 다음을 뜻한다.
   Appearance : 외형 / Male : 수컷 / Female : 암컷 / Br : 번식깃(여름깃) / Non-Br : 비번식깃(겨울깃) / Juvenile : 어린새 / Ecology : 생태 / Breeding : 번식 / Habitat : 서식지 / Food : 먹이 / Status : 실태

아름다운 비행을 꿈꾸며

노랑부리저어새

10월이 되면
주남저수지에는 철새들의 군무로 장관을 이룬다.
시베리아 북쪽에서 따뜻한 남쪽 나라로
긴 여행을 떠나 찾아온 곳,
주남저수지는 철새들의 왕국이 된다.
10월 초에는 선발대인
큰부리큰기러기, 청둥오리, 흰죽지 등이 찾아오고,
11월에는 고니와 큰고니, 재두루미,
노랑부리저어새, 가창오리 등이 합류해
떼지어 하늘을 난다.
먹이를 먹으려고 자맥질하는 모습,
암수가 다정하게 헤엄치는 모습,
장엄하게 떠오르는 일출 위로
철새들의 아름다운 비행을 보면
새와 사람이 하나가 된다.

탐조여행을 떠나요

레저 문화로 인기를 끌고 있는 탐조여행!
자녀 교육에 유익하고, 온 가족이 함께 즐길 수 있는 가족 레포츠로도 안성맞춤이다. 쌍안경을 목에 걸고 탐조여행을 떠나 보자. 새들을 가까이서 관찰할 수 있고 겨울의 낭만과 서정을 느낄 수 있는 곳, 주남저수지로!

주남저수지의 풍경

동판저수지의 풍경

가족여행

탐조여행을 즐기는 사람들

자연과 하나가 되는 생명여행!

탐조여행은 새를 통해 자연의 신비함과 생명의 고귀함을 느낄 수 있다. 최근 자연에 대한 관심이 높아지고, 여가 시간을 효과적으로 활용하려는 사람이 늘어남에 따라 탐조여행을 하러 주남저수지를 찾는 이가 많아졌다. 단순히 새를 관찰하고 희귀한 새를 확인하는 데 그치는 것이 아니라 가족과 자연의 생태를 체험하려는 사람들의 발길이 끊이지 않는다.

하늘을 배경 삼아 펼치는 새의 군무!

탁 트인 하늘, 수천 수만 마리의 새가 한꺼번에 치솟는다.
큰 날개를 펄럭이며 하늘로 솟구치는 고니의 아름다운 비상,
하늘을 까맣게 덮은 고방오리떼,
순식간에 먹이를 낚아채는 독수리의 사냥,
노을 하늘을 V자 대형으로 유유히 날아가는 기러기떼……
철새들의 다양한 자태와 아름다운 풍광을 보고 있노라면 가슴 저미는 황홀경에 젖게 된다.

가족과 함께 자연의 생태를 체험하려는 사람들의 발길이 끊이지 않는 주남저수지

탐조 길잡이

탐조여행을 떠나는 사람들은
새를 사랑하고 자연을 보호하는 마음에서 출발해야 한다.
철새를 관찰하기 위해서는 반드시 갖춰야 할 준비물이 있고,
철새와 친해지는 방법이 있다. 따라서 꼼꼼하게 챙겨야
더욱 즐거운 철새 탐조여행을 할 수 있다.

준비물

쌍안경 대개 새는 사람보다 8배에서 40배의 시력을 가지고 있으므로 사람이 새를 보기도 전에 먼저 기척을 느끼고 달아나 버린다. 따라서 새의 모습과 행동을 자세히 관찰하려면 배율이 7~9배인 쌍안경을 마련하는 게 최상이다. 쌍안경은 배율이 높을수록 무거우므로 휴대하기 불편하고, 시야가 좁아져 작은 새를 발견하기도 힘들다. 오페라용 쌍안경이나 배율이 10배 이상인 것은 철새 관찰에 적합하지 않다.

망원경 바다나 호수 등 새에게 접근하기 곤란한 장소에서 절대적으로 필요하다. 배율은 20~25배가 적당하며 줌렌즈는 별 소용이 없다.

옷차림 가급적 눈에 잘 띄는 붉은색과 흰색 계통의 옷을 피하고 주변 환경과 어울리는 수수한 복장을 택하는 것이 좋다. 특히 탐조 장소와 계절에 따라 알뜰하게 준비해야 고생하지 않는다. 여름철에는 주로 숲 속에서 여름 철새를 관찰하므로 녹색 계열이, 겨울철에는 갈대숲에서 관찰하므로 갈색 계열이 무난하다. 더럽히거나 찢겨도 아깝지 않으며 따뜻하고 가벼운 것이면 최상이다. 바다, 강, 저수지 근처의 철새 도래지를 찾을 경우에 대비하여 장화를 준비하는 것도 잊지 않는다. 양손을 자유롭게 쓰기 위해서는 간단한 배낭을 메는 것이 좋다. 새는 후각이 예민하므로 화장품 특히 향수는 삼가해야 한다.

새도감 탐조에 들어가면 새의 이름이 알고 싶어지는 건 당연하다. 이때 도감이 훌륭한 참고 자료가 된다. 새도감은 탐조의 중요한 길잡이다. 그림과 사진 상태가 좋고 내용이 충실한 것을 고른다.

메모장 좀 귀찮더라도 관찰한 새의 모습, 환경, 날짜, 특징 등을 기록하는 습관을 기른다면 훨씬 의미 있는 철새 탐조여행을 할 수 있다. 언제든 자유롭게 윗주머니에 넣고 뺄 수 있는 크기의 메모장에 기록할 연필이나 볼펜을 묶어두면 편리하다. 소형 녹음기를 준비한다면 더 실감나는 기록을 만들 수 있다.

촬영 안내

새는 본능적으로 사람을 싫어한다. 자신에게 해를 끼칠 수 있는 요인에 대해 항상 경계하고 살핀다. 야외에서 좋은 사진을 찍겠다고 완전 노출된 채로 무작정 새 꽁무니만 쫓아다니면 새들에게 스트레스를 주게 되며, 카메라에 좋은 모습을 담을 수도 없다. 따라서 새를 사랑하고 아끼는 마음에서 출발해야 한다.

새 모습을 촬영하려면 자신을 최대한 위장하고 망원렌즈를 사용한다. 특히 위장텐트를 활용하면 새들의 경계심이 느슨해져 보다 생생한 모습을 관찰할 수 있다. 새는 매우 민감해서 사람의 접근을 피해 날아가 버릴 수 있으므로, 처음부터 욕심을 내지 말고 먼 거리에서부터 한두 장씩 찍어가며 접근한다. 희귀한 새를 만났을 때는 촬영 결과가 불만족스럽더라도 우선 찍고 기록해 두는 것이 좋다. 완벽한 사진을 찍으려고 무리하게 새에 접근했다가는 한 장도 찍지 못하고 돌아오는 수가 있기 때문이다. 무리를 지어 먹이를 먹거나 쉬고 있는 새도 반드시 경계 근무를 서는 초병이 있으므로 접근할 때 주의한다.

새를 촬영하는 방법으로는 새들이 자주 나타나는 곳이나 둥지 가까이에 카메라를 설치해 두고, 은폐된 장소에서 릴리즈를 사용하거나 자동차 안에서 촬영한다. 찾기 어렵고 귀한 새는 새소리로 유인해 촬영하기도 한다. 그 밖에 FM주파수를 이용한 무선원격 촬영법, 적외선 센서를 이용한 자동 촬영법, 열추적센서를 이용한 촬영법, 피노카메라를 이용한 둥지 촬영법, 모형보트에 소형카메라를 장착한 원격조정 촬영법, 손쉬운 부비트랩 설치 촬영법 등이 있다.

촬영 방법 외에 촬영 장비도 중요한 몫을 차지한다. 카메라와 렌즈, 삼각대는 필수이고 필름은 슬라이드 필름을 사용하면 보다 생생한 사진을 얻을 수 있다. 참고로 필자는 캐논카메라와 600mm의 렌즈, 펜탁스 645카메라와 600mm의 렌즈를 사용하며, 필름은 프로비아필름을 이용한다.
요즘엔 디지털 카메라도 즐겨 사용한다.

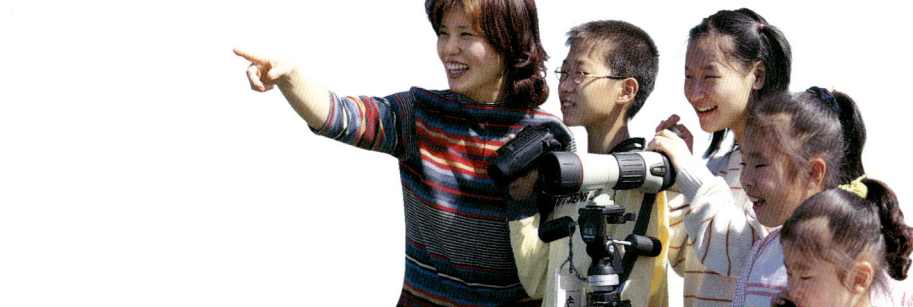

주남저수지 탐조 포인트

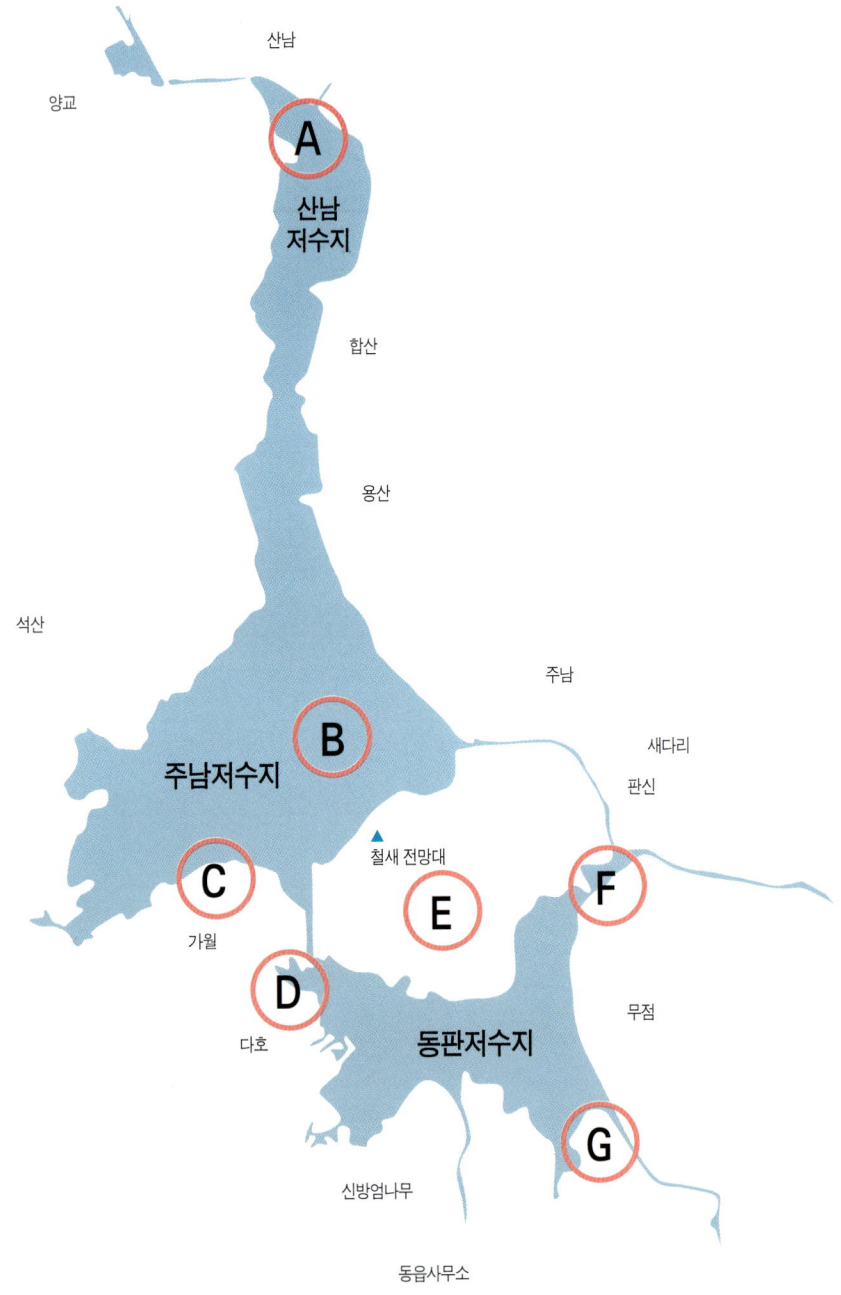

A지역

산남저수지는 주남저수지와 동판저수지에 비해 관찰할 수 있는 새의 종류가 많지 않다. 이곳에서는 주로 청둥오리, 쇠오리, 청머리오리, 붉은부리갈매기, 논병아리, 왜가리, 쇠백로, 멧비둘기 등을 볼 수 있다.

B지역

주남저수지 전망대 앞 갈대숲 지역으로 철새들의 대표 휴식처이다. 주남저수지에서 가장 많은 새를 탐조할 수 있는 지역이며 철새도래지로 유명한 곳이다. 갈대숲 주변에서는 천연기념물 제205호 노랑부리저어새·저어새, 제203호 재두루미, 제202호 두루미, 제201호 큰고니·고니, 제243호 독수리·흰꼬리수리, 제323호 매·황조롱이, 제325호 개리, 제327호 원앙을 비롯하여 희귀새 흰죽지수리, 물수리와 그 외 큰기러기, 쇠기러기, 청둥오리, 흰죽지, 댕기흰죽지, 댕기물떼새, 민물도요, 흑꼬리도요, 종달도요, 학도요, 꺅도요, 중대백로, 황로, 쇠백로, 왜가리 등 풍부한 종류의 새를 관찰할 수 있다.

C지역

주남저수지의 남부 가월마을 부근으로 천연기념물 제201호 큰고니, 흰죽지, 청둥오리, 고방오리, 넓적부리, 흰날개해오라기, 밭종다리, 청딱다구리, 딱새, 노랑턱멧새, 노랑할미새, 알락할미새, 때까치 등을 관찰할 수 있다.

D지역

동판저수지와 주남저수지가 연결되는 수문이 있는 곳이다. 이 지역에서는 천연기념물 제201호 큰고니·고니를 비롯하여 청둥오리, 쇠오리, 논병아리, 붉은부리갈매기, 쇠백로, 중대백로, 직박구리, 까치, 딱새, 참새, 박새 등을 관찰할 수 있다.

E지역

이 지역은 주남저수지 오른쪽에 있는 농경지로 철새들에게 중요한 먹이를 공급하는 곳이다. 천연기념물 제243호 독수리, 천연기념물 제323호 잿빛개구리매·황조롱이, 흰기러기, 종다리, 꼬마물떼새, 멧비둘기 등을 관찰할 수 있다.

F지역

동판저수지 북동부 지역인 판신마을 앞에서 주황천이 동판저수지의 수량과 합류하여 주천강으로 흐르는 수문이 있는 곳이다. 이 지역에서는 천연기념물 제323호 새매를 비롯하여 흰죽지, 청둥오리, 쇠오리, 흰뺨검둥오리, 홍머리오리, 넓적부리, 물닭, 흰비오리 등 여러 종류의 오리류를 관찰할 수 있다. 그 밖에 깝작도요, 붉은머리오목눈이, 노랑턱멧새, 동박새, 노랑지빠귀, 콩새, 제비도 볼 수 있다.

G지역

이 지역은 동판저수지 남동부에 위치한 무점리에서 주황천을 따라 북부 판신마을까지 둑으로 연결되어 있다. 왕버들, 버드나무, 내버들, 갯버들이 무성하게 이뤄져 있으며, 저수지 안에는 물억새가 넓게 분포한다. 갈대와 줄, 창포, 여뀌 등이 서식하고 있어 겨울 철새의 월동지로 각광받는다. 특히 천연기념물 제201호 큰고니를 비롯하여 큰기러기, 쇠기러기, 가창오리, 쇠오리, 고방오리, 흰죽지, 흰비오리 등을 관찰할 수 있다.

주남에서 볼 수 있는 천연기념물

두루미(제202호)

흑두루미(제228호)

잿빛개구리매(제323호)

검독수리(제243호)

원앙(제327호)

재두루미(제203호)

독수리(제243호)

큰소쩍새(제324호)

형태에 따른 새의 분류

부리의 모양

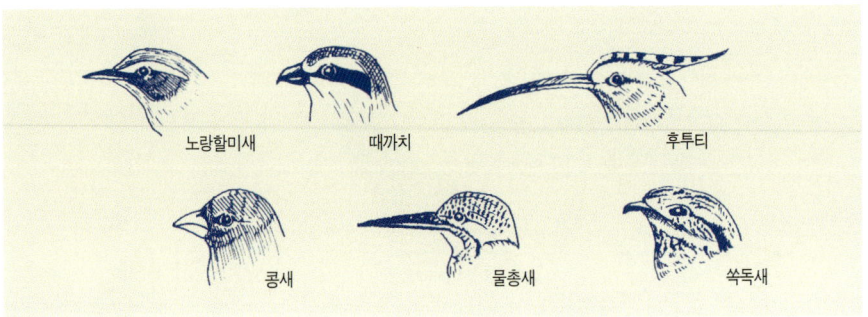

꼬리의 모양

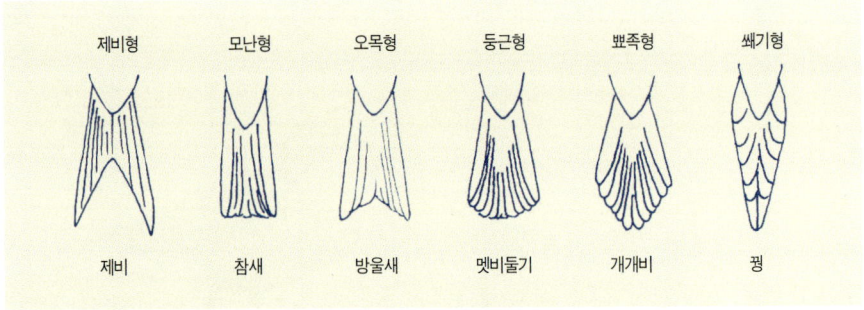

날개의 형태

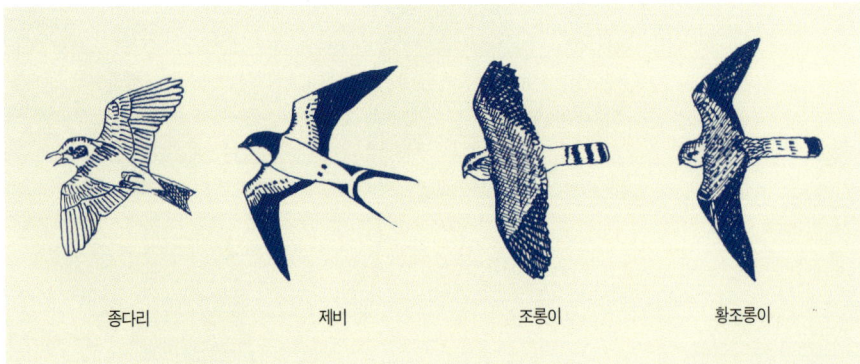

새의 각 부분 명칭

머리중앙선
머리옆선
눈썹선
눈선
뺨선
턱선
턱밑선

댕기깃
장식깃
장식깃

눈테
눈앞
이마
부리
턱
멱
뺨
목
가슴
작은날개덮깃
작은날개깃
큰날개덮깃
첫째날개덮깃
발톱
발가락
머리꼭대기
눈
귀깃
뒷목
어깨깃
등
머리깃
셋째날개깃
허리
둘째날개깃
첫째날개깃
위꼬리덮깃
꼬리
아래꼬리덮깃
배
경부
부척

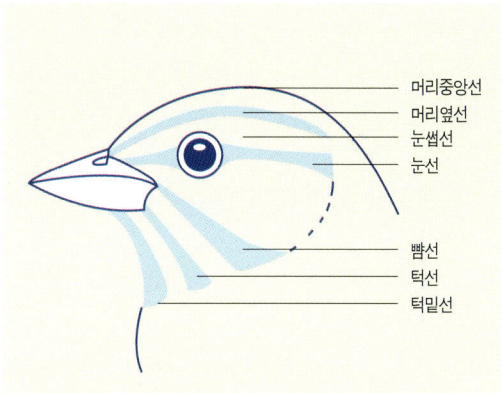

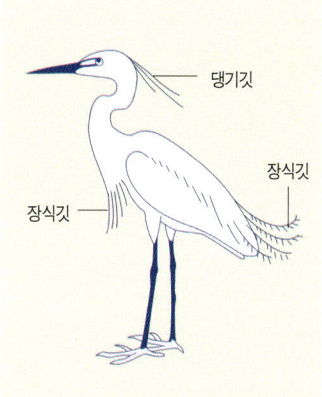

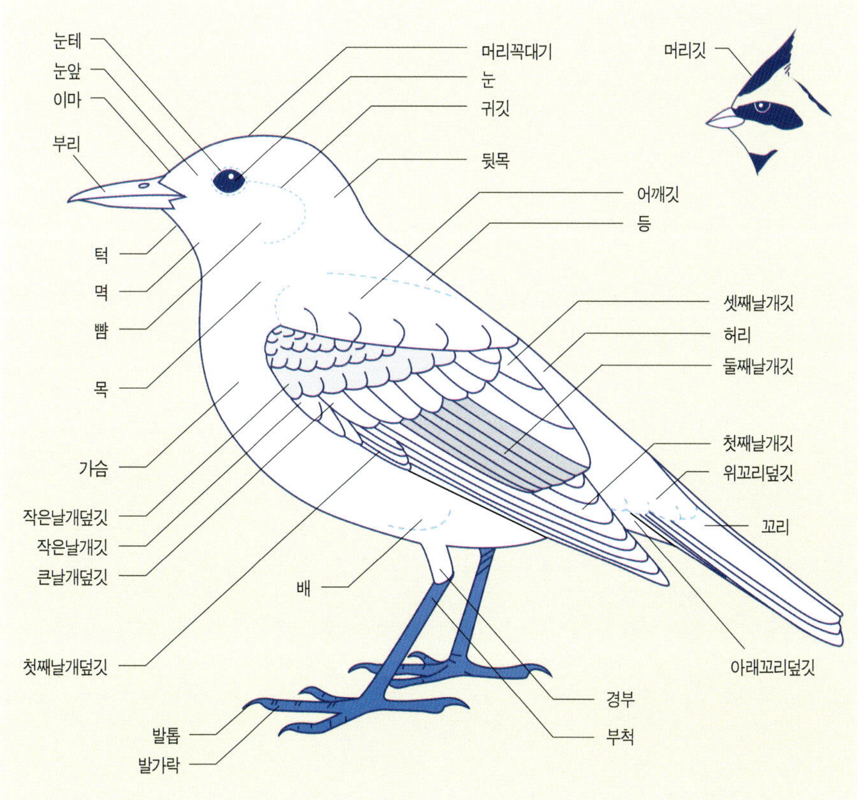

작은날개덮깃
가운데날개덮깃
큰날개덮깃
작은날개깃
첫째날개덮깃
첫째날개깃
둘째날개깃
셋째날개깃

새의 몸길이를 잴 때
(부리 끝에서 꼬리 끝까지)
펼친 날개길이를 잴 때
(양쪽 날개를 활짝 편 상태에서
양끝의 길이)

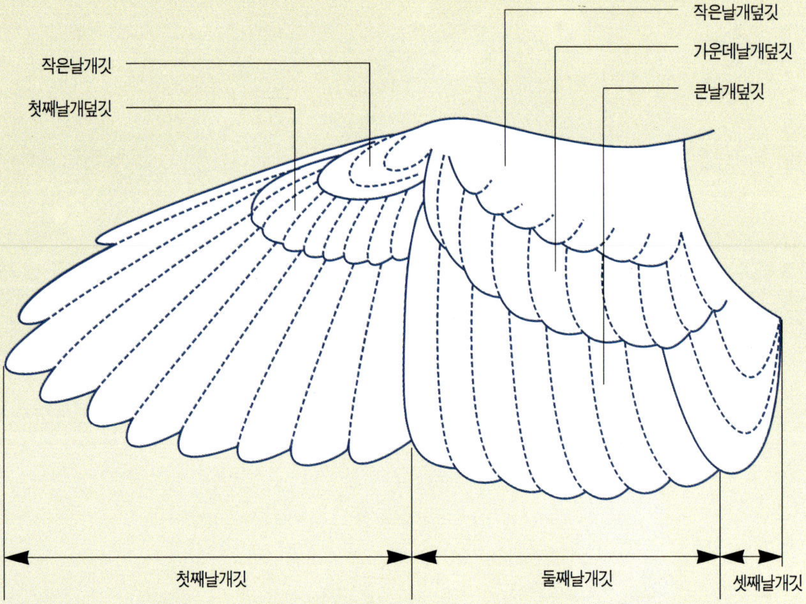

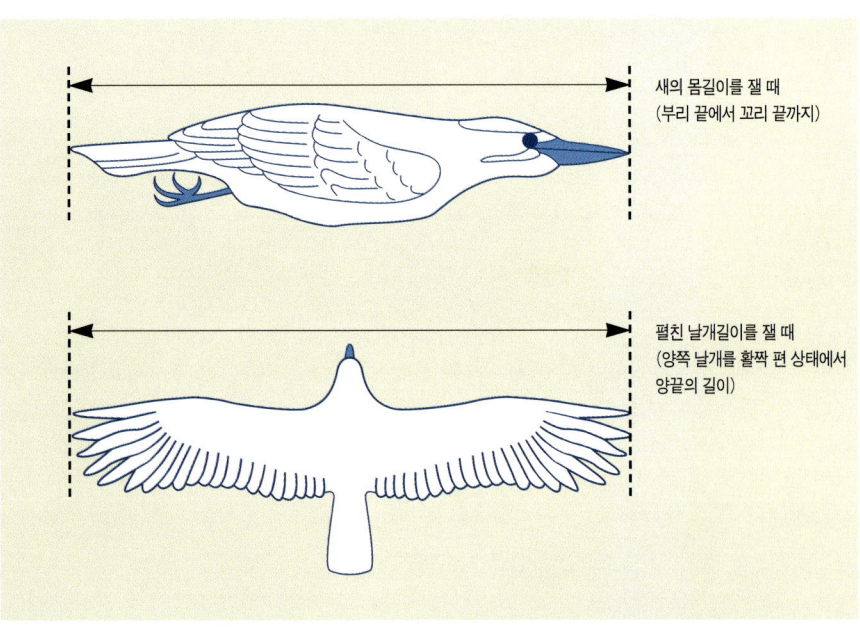

조류 관찰자 행동 수칙

탐조시 기본 에티켓

1. 가급적 먼 거리(30m 이상)에서 짧은 시간 내에 망원경 등을 이용해 관찰한다.
2. 화려한 옷, 눈에 잘 띄는 색깔의 옷, 펄럭이는 옷 등은 입지 않는다.
3. 신체나 망원경 등이 조류에게 노출되거나 큰 소리가 나도록 행동하지 않는다.
4. 촬영이나 조사를 위한 은폐물은 둥지에서 멀리 떨어진 곳에 설치한다.
5. 촬영이나 조사 등을 위해 인위적으로 조류의 둥지, 알, 새끼 등을 이동 또는 훼손하지 않는다.
6. 조류의 번식 기간 중에는 조수보호구, 희귀조류 번식지 등에 출입하지 않는다.
7. 서식지 주변 환경을 훼손하지 않는다.
8. 조류의 먹이가 되는 도토리, 산딸기, 머루, 다래 등의 열매나 씨앗 등을 함부로 채취하지 않는다.
9. 조류가 자연에서 생존할 수 있는 능력을 저하시킬 수 있으므로 함부로 먹이를 주거나 서식지 주변에 음식물 쓰레기를 버리지 않는다.
10. 희귀조류 또는 둥지나 서식지를 발견했을 때는 관계 기관에 신속히 통보해 적절한 보호 조치가 취해지도록 한다.

이것만은 지키자

자연을 내 몸같이
자연은 무수히 많은 생명의 장이다. 이러한 생명들은 복잡한 관계를 맺고 살아간다. 그러므로 길가에 피어 있는 한 송이 꽃이라도 꺾어서는 안 된다.

탐조시 소리를 크게 내지 말아야 한다.
발소리, 옆 사람과 큰 소리로 대화, 라디오 소리에 새들은 도망가 버린다.

화려한 옷차림은 새에게 경계심을 자극하므로 피해야 한다.
주위의 색과 어울릴 수 있는 좀 바랜 듯한 색의 옷차림이 적당하고 원색의 화려한 옷차림은 피해야 한다.

쓰레기는 자기 가방에
'조그마한 쓰레기쯤이야' 라는 생각이 자연을 더럽힌다. 야외의 쓰레기통은 대개 관리가 소홀하므로 쓰레기를 각자의 집으로 가져가는 습관이 필요하다.

새가 날아가는 것을 보기 위해 돌을 던지거나 소리를 지르지 않는다.
우리가 관찰하는 새는 편히 휴식을 취하고 있거나 먹이를 먹고 있다. 그런데 이렇게 날리게 되면, 새는 많은 스트레스를 받고, 충분한 먹이를 먹지 못하게 된다.

자료:1998년 10월 환경부가 발표한 '조류 관찰자의 행동 수칙' 에서 발췌

겨울철에
주남을 찾아오는 새
Winter Visitors

청둥오리
흰뺨검둥오리
넓적부리
황오리 / 쇠오리
가창오리
홍머리오리
청머리오리
고방오리
알락오리
흑부리오리
원앙
흰뺨오리
댕기흰죽지
흰죽지
흰비오리
개리
쇠기러기
흰기러기
캐나다기러기
큰부리큰기러기
고니 / 큰고니
노랑부리저어새
저어새 / 황새
뿔논병아리
민물가마우지
재두루미
두루미 / 흑두루미
독수리 / 검독수리
흰죽지수리
잿빛개구리매
말똥가리
붉은부리갈매기
댕기물떼새
민물도요
긴부리도요
논병아리
백할미새
발종다리
홍여새 / 되새
콩새 / 쑥새
개똥지빠귀
흰날개해오라기

청둥오리

Mallard *Anas platyrhynchos*

기러기목 오리과

청둥오리는 오리류 중 가장 흔한 겨울 철새다. 하천, 호수, 늪, 농경지, 간척지, 소택지, 저수지 등에서 월동하는데, 일부 작은 무리가 주남저수지에서 번식한다. 몸길이는 59cm이며, 수컷의 머리는 광택 나는 청록색이다. 목에는 흰 테가 있으며 가슴은 빛나는 고동색이다. 몸통은 회백색이고 부리는 황록색이며 다리는 주황색이다. 암컷은 전체적으로 갈색에 어두운 갈색의 무늬가 있고 머리는 흑갈색이다. 벼 낟알, 풀씨, 곤충류, 무척추동물 등을 즐겨 먹는다.

Appearance L 59cm. ● Male: green-glossed head with white collar; dark chestnut breast, pale greyish body, bill yellowish brown and legs orange. ● Female: brown marked darker; head blackish brown.

Habitat rivers, lakes, paddies, reclaimed lands, reservoirs

Food grains, grass seeds, insects, invertebrates

Status Most abundant and major species among ducks in winter but small numbers also breed in Junam Reservoir.

청둥오리 부부 한 쌍이 저수지를 한가롭게 헤엄치고 있다.

주남저수지 갈대숲 위를 날고 있는 청둥오리 부부

청둥오리 한 무리가 저수지 가장자리에서 먹이를 찾고 있다.

흰뺨검둥오리

Spot-billed Duck *Anas poecilorhyncha*

기러기목 오리과

흰뺨검둥오리는 우리 나라 전역에서 서식하는 텃새이자 겨울 철새다. 하천, 호수, 강, 늪, 저수지 하구, 농경지 등에서 생활하며, 주남저수지에는 겨울철에 그 개체수가 많이 늘어난다. 풀숲에 마른풀로 큰 대접 모양의 둥지를 만들고 알을 낳는다. 몸길이는 61cm이며, 암수의 형태가 비슷하고 황갈색의 뺨을 제외한 몸 전체가 균일한 진한 갈색이다. 흰색 눈썹선이 있고 검은색의 부리 끝은 노란색이며, 다리는 주황색이다. 주로 풀씨, 곤충류, 무척추동물, 벼 낟알 등을 먹는다.

Appearance L 61cm. Dark body with pale cheek noticeable at a distance; bill black tipped with yellow, legs orange.
Habitat rivers, lakes, estuaries, marshes, paddies, reservoirs
Food grass seeds, insects, invertebrates, grains
Status Breeding and winter all over Korean Peninsula. Many winter in Junam Reservoir.

사철 볼 수 있는 흰뺨검둥오리 두 마리가 다정하게 헤엄치고 있다.

넓적부리

Northern Shoveler *Anas clypeata*

기러기목 오리과

넓적부리는 저수지, 강, 하구 등에서 생활하는 흔한 겨울 철새다. 주남저수지에서는 비교적 많이 관찰되는 종이기도 하다. 몸길이는 50cm이며, 수컷의 머리는 금속 광택이 나는 청록색이고, 가슴은 흰색이다. 배는 갈색, 등·허리·부리는 검은색으로 색의 대비가 뚜렷하여 먼 곳에서도 쉽게 구별할 수 있다. 암컷의 몸은 전체적으로 갈색이고 부리는 주황색이다. 크고 넓적한 부리가 특징인데, 이 부리로 물 속에 있는 수초와 무척추동물 등을 걸러 먹는다.

Appearance L 50cm. Male: green-glossed head; breast and body white with rufous sides, flanks and belly; back, tail and bill black, distinctive color contrast distinguishable from far. Female: body brown overall; bill orange.

Habitat reservoirs, rivers, estuaries

Food underwater aquatic plants, invertebrates

Status Many winter in Junam Reservoir.

힘차게 날아오르는 넓적부리 수컷

수컷(위) / 암컷(아래)

황오리

Ruddy Shelduck *Tadorna ferruginea*

기러기목 오리과

황오리는 저수지, 농경지, 하구, 강 등에서 생활하는 흔하지 않은 겨울 철새다. 주로 서해안의 강과 저수지에 분포하며, 주남저수지에서는 2~3마리가 관찰된 기록이 있다. 몸길이가 64cm인 대형 오리이며 암수의 형태가 비슷하다. 수컷은 몸 전체가 선명한 주황색이고 머리는 옅은 황색이다. 목에는 검은 띠가 있으나 겨울이 되면 사라진다. 암컷의 머리는 수컷에 비해 흰색을 많이 띠며, 목에는 띠가 없다. 벼 낟알, 초본식물 등을 즐겨 먹는다.

Appearance L 64cm. ● Male and female in similar pattern. Distinctive orange body with paler head, black collar on the neck which disappears in non-Br season. ● Female: lacks collar, face whiter.

Habitat rivers, estuaries, reservoirs, paddies

Food grains, herbs

Status Several winter records of two or three individuals in Junam Reservoir.

황오리 한 쌍이 하늘을 향해 날아오르고 있다.

주남저수지로 날아드는 황오리 부부

쇠오리

Common Teal *Anas crecca*

기러기목 오리과

쇠오리는 오리류 중 가장 작은 겨울 철새다. 호수, 저수지, 하천, 강 등에서 흔하게 생활하며 주남저수지에서 적은 수가 월동한다. 몸길이는 38cm이고, 수컷의 머리는 적갈색이며 눈 주위에서 뒷목까지 광택이 나는 어두운 녹색이다. 몸은 전체적으로 연한 흑갈색을 띠고 옆구리에는 흰색의 가로줄이 있다. 암컷은 몸에 전체적으로 어두운 갈색 반점이 있다. 낮에는 안전한 저수지, 해상, 간척지 등에서 무리를 지어 휴식하고, 밤에는 논밭, 습지, 갈대밭, 냇가에서 먹이를 찾는다. 식물의 열매, 작은 연체동물, 수초, 무척추동물을 즐겨 먹는다.

Appearance L 38cm. Smallest duck in korea. ● Male: chestnut-brown head, with green head stripe from eye outlined with yellowish buff; vermiculated grey body has white scapular line. ● Female: pale brown marked darker, narrow dark eyeline.

Ecology In the daytime, roost in groups at reservoirs, reclaimed lands or on the sea. At night, feed at paddies, reeds or riparian areas and wetlands.

Habitat lakes, reservoirs, rivers

Food seeds, small mollusks, aquatic plants, invertebrates

Status Small numbers winter in Junam Reservoir.

얼어붙은 주남저수지를 다정하게 걷고 있는 쇠오리 부부

가창오리 ●

Baikal Teal *Anas formosa*

기러기목 오리과

가창오리는 군집성이 매우 강한 겨울 철새다. 주로 저수지, 호수, 간척지, 농경지 등에서 생활한다. 1985년 2월에 약 5,000여 마리가 주남저수지에서 월동하는 것이 발견된 이후, 약 2만 마리의 대군이 매년 월동하면서 이곳은 세계적인 철새도래지가 되었다. 그러나 1992년 이후부터는 천수만, 금강 하구, 전남 해남 등으로 월동지를 옮기면서 주남저수지에는 적은 무리만 월동하고 있다. 몸길이는 40cm이고, 수컷은 얼굴에 녹색·노란색·검은색의 바람개비 모양이 있으며 부리는 검은색이다. 어깨 깃이 아름답게 늘어져 있으며 앞가슴 부분은 황갈색, 몸 옆면은 푸른색을 띤 회색, 아래꼬리덮깃은 검은색이다. 암컷은 쇠오리 암컷과 비슷하나 목과 멱은 쇠오리보다 더 희며 부리 기부에 흰색의 둥근 점이 있다. 풀씨, 벼 낟알, 수초, 곤충 등을 즐겨 먹는다. 2001년 국제자연보호연맹(IUCN)의 기준에 의해 Birdlife International에서 발간한 아시아판 적색자료목록(Red Data Book)에 '멸종 위기에 처한 취약종'으로 수록된 희귀종이다.

북한에서는 태극오리로 부르다가 최근에는 반달오리로 부르고 있다.

Appearance L 40cm. ● Male: unique head pattern of cream, metallic green and black; vermiculated grey body has vertical white stripe at side of breast and at vent; breast yellowish-brown overall, bill black. ● Female: similar with females of common teals, but neck and throat paler than common teals and have white spot at base of bill.

Habitat reservoirs, lakes, reclaimed lands, paddies

Food grass seeds, grains, aquatic plants, insects

Status Often in huge, compact flocks. Since about 5,000 individuals first observed winter in Junam Reservoir, February 1985, approximately 20,000 individuals used to yearly winter in Junam. Since 1992, most population have moved to Cheonsu Gulf, Estuary of Geum-River, and Haenam to winter. Very rare species recorded as vulnerable species by IUCN(International Union for Conservaion of Nature and Resources) in 2001.

하늘을 휘저으며 날아가는 가창오리 무리

파도가 밀려오듯 한쪽 끝에서부터 질서정연하게 물을 박차고 날아오른다.

홍머리오리

Eurasian Wigeon *Anas penelope*

기러기목 오리과

홍머리오리는 저수지, 강, 호수, 하구, 해안 등에서 큰 무리를 이루어 월동하며 남부 지역에 보다 흔한 겨울 철새다. 우리 나라에는 낙동강 하구, 주남저수지, 제주도 등지에 규칙적으로 월동한다. 몸길이는 49cm이며, 수컷은 적갈색 머리에 노란색 이마, 검은색 아래꼬리덮깃을 가지고 있다. 부리는 회색이며 그 끝은 검은색이다. 암컷은 다른 오리류의 암컷에 비해 적갈색을 띤다. 날개덮깃은 회색이며 앉아 있을 때는 불확실한 가로줄로 보인다. 수초와 동물성 먹이를 먹는다.

Appearance L 49cm. • Male: head and neck chestnut with yellowish forehead, black undertail coverts; grey bill with black tip. • Female: rusty brown, darker on speckled head; wing-coverts greyish-brown, indistinct horizontal line seen when sitting.

Habitat reservoirs, rivers, lakes, seashores

Food aquatic plants, invertebrates

Status Many winter regularly at Junam Reservoir, Estuary of Nakdong River, and Jeju Island.

주남저수지 가장자리에서 먹이를 찾고 있는 홍머리오리 부부

청머리오리

Falcated Teal *Anas falcata*

기러기목 오리과

청머리오리는 저수지, 하구, 해안가 등에서 생활하는 수면성 오리로서, 주남저수지에는 적은 무리가 다른 오리류와 함께 월동하는 흔한 겨울 철새다. 몸길이는 48cm이다. 수컷의 머리에는 특이한 모양의 긴 녹색 댕기가 있는데 나폴레옹 모자와 비슷하다. 흰색의 멱, 검은색 띠가 있는 노란색 엉덩이, 이마에 나 있는 흰 점, 검은색의 목테가 특징이다. 둥글고 길게 늘어진 셋째날개깃이 아름답다. 암컷의 몸은 전체가 갈색이고 부리는 검은색이다. 주로 수초의 뿌리, 벼 낟알, 풀씨, 수서곤충, 연체동물 등을 먹는다.

Appearance L 48cm. Bill and legs blackish. Male: glossy green sides to maned head with chestnut from forehead to nape; white chin and throat, and black collar; tertials long, dropping over tail. Female: brown marked darker, greyer on plain head with darkish eye-ring.

Habitat reservoirs, estuaries, seashores

Food aquatic plants, grains, grass seeds, aquatic insects, mollusks

Status Small numbers winter with other ducks in Junam Reservoir.

녹색 댕기깃이 아름다운 수컷

암컷

고방오리

Pintail *Anas acuta*

기러기목 오리과

고방오리는 저수지, 하구, 강 등에서 무리를 지어 생활하는 흔한 겨울 철새다. 주남 저수지에서는 거꾸로 자맥질해서 먹이를 찾는 모습을 쉽게 볼 수 있으며 큰 무리가 월동한다. 목은 다른 오리류에 비해 길게 보이며 꼬리는 뾰족하다. 몸길이가 수컷은 75cm, 암컷은 53cm인 중형 오리다. 수컷의 머리는 어두운 갈색이고, 앞목과 가슴은 흰색이며 뒷머리까지 가늘게 이어진다. 부리와 발은 회색을 띤다. 암컷의 몸은 전체가 얼룩 있는 갈색이며 부리는 검은색이다. 수초, 풀씨, 작은 낟알 등을 먹는다.

Appearance ● Male: L 75cm. head and hindneck dark brown, with white neckline, breast and belly; bill and legs greyish. ● Female: L 53cm. body brown overall, scaled darker; bill black.

Habitat lakes, marshes, rivers

Food aquatic plants, grass seeds, small grains

Status Many individuals winter in Junam Reservoir.

꽁꽁 얼어붙은 저수지 위를 암컷 한 마리와 수컷 네 마리가 다정하게 걷고 있다.

고향으로 돌아가는 고방오리 무리

저수지를 평화롭게 헤엄치고 있는 수컷들

알락오리

Gadwall *Anas strepera*

기러기목 오리과

알락오리는 저수지, 하구, 강, 호수 등에서 생활하는 흔한 겨울 철새다. 주남저수지에서는 다른 수면성 오리와 함께 월동하지만 그 수가 많지는 않다. 몸길이는 50cm이며, 날 때 보이는 흰색의 둘째날개깃이 가장 큰 특징이다. 수컷은 다른 오리류에 비해 화려하지 않고 몸 전체가 회색이나 아래꼬리덮깃과 부리는 검은색이다. 암컷의 몸은 진한 갈색이며 깃털에는 얼룩무늬가 가로로 있다. 부리의 가장자리와 다리는 주황색이다. 식물성 먹이가 주식이며 주로 수초의 씨와 잎줄기를 먹는다.

Appearance L 50cm. White secondaries seen in flight. ●Male: body greyish overall, undertail coverts and bill black. ●Female: body dark brown overall, spotted across feathers, orange bill with its center black; legs orange.

Habitat reservoirs, estuaries, rivers, lakes

Status Some winter with marsh ducks in Junam Reservoir.

동판저수지에서 평화롭게 헤엄치고 있는 알락오리 한 쌍

혹부리오리

Common Shelduck *Tadorna tadorna*

기러기목 오리과

혹부리오리는 갯벌이나 하구, 저수지 등에서 생활하는 흔한 겨울 철새다. 주남저수지에는 작은 무리가 가끔 월동한다. 몸길이는 63cm이며, 흰색의 몸과 녹색 광택의 머리와 날개가 뚜렷한 대조를 이룬다. 부리와 다리는 붉은색이다. 수컷은 가슴과 등에 갈색 띠가 있으며 번식기에는 부리 위에 달린 혹이 커진다. 암컷은 부리의 기부가 흰색이고 부리 전체가 수컷에 비해 연한 색이다. 저수지나 갯벌의 작은 물고기, 수서곤충, 해초류, 달팽이 등을 즐겨 먹는다.

Appearance L 63cm. White body; head and wing green glossed; bill and legs red.
 Male: brown band on back and breast; knob bigger in breeding season.
 Female: bill duller overall than male, white at base of bill.

Habitat mud flats, estuaries, reservoirs

Food small fish, seaweeds, snails, invertebrates in reservoirs or mudflats

Status Small numbers winter in Junam Reservoir.

주남저수지에서는 쉽게 볼 수 없는 혹부리오리 두 마리가 다정하게 헤엄치고 있다.

원앙

Mandarin Duck *Aix galericulata*

기러기목 오리과

원앙은 산림이 울창한 계곡에서 번식하는 흔하지 않은 겨울 철새이자 텃새다. 겨울에는 북쪽에서 남하해 오는 무리들이 있어서 거제도, 진주 남강, 주남저수지 등 남부지방에서 쉽게 볼 수 있다. 10월 초에는 주남저수지 가운데 갈대숲 근처에서 가끔 적은 무리를 확인할 수 있다. 몸길이는 45cm이며, 수컷은 머리와 가슴이 진한 갈색이고 가슴에 세로줄이 있다. 머리 뒤쪽의 깃털은 관우상(冠羽狀)으로 되어 있으며 부채 모양의 날개깃이 있다. 부리는 붉은색이며 끝은 흰색이다. 암컷은 갈색을 띤 회색의 얼룩무늬가 있고 가는 눈선은 흰색이며 가슴과 옆구리에 흰 점이 있다. 주로 나무 구멍에 둥지를 트는 화려한 오리다. 풀씨, 도토리, 달팽이, 민물고기, 곤충류 등을 먹는다. 천연기념물 제327호로 지정하여 보호하고 있다.

Appearance L 45cm. Well known for its beautiful color. Male: very distinctive with mane-like crest on rear crown; broad buffy supercilium; red bill with white tip. Female: greyish-brown with white spectacles; sides and breast spotted whitish; white supercilium.
Breeding Breed in the tree holes in thick forests.
Habitat lakes, reservoirs, seashores in winter, but montane streams in summer.
Food grass seeds, acorns, snails, small fish
Status Move southward in winter and often observed in Geoje Island and Junam Reservoir. Sometimes observed around reeds at the central area of Junam Reservoir in early Oct. Designated as natural monument No. 327.

화려한 원앙 한 쌍이 아름다운 자태를 뽐내고 있다.

주남저수지로 날아드는 원앙 가족

무리를 지어 겨울을 나고 있는 원앙

흰뺨오리

Common Goldeneye *Bucephala clangula*

기러기목 오리과

흰뺨오리는 해안, 하구, 강, 저수지에서 생활하는 흔한 겨울 철새다. 주남저수지에서는 오리류와 함께 월동하지만 개체수는 많지 않다. 몸길이는 45cm이며, 수컷의 머리는 녹색 광택이 나고 등과 부리는 검은색이다. 뺨에 흰색의 둥근 점이 특징이다. 암컷은 머리가 어두운 갈색이고 몸의 대부분이 회색인데, 이는 흰색의 목테로 명확하게 구분된다. 검은색의 부리 끝에는 노란색 띠가 있다. 주로 곤충의 유충, 복족류, 조개류를 즐겨 먹는다.

Appearance L 45cm. ● Male: head with dark greenish gloss; distinct white oval patch near base of black bill. ● Female: body greyish overall; head greyish-brown with white collar; black bill with yellow band at tip.

Habitat reservoirs, seashores, lakes, rivers, estuaries

Food larvae, freshwater, gastropods, shellfish

Status Some numbers winter with other ducks in Junam Reservoir in winter.

수컷

기지개를 켜고 있는 암컷

댕기흰죽지

Tufted Duck *Aythya fuligula*

기러기목 오리과

댕기흰죽지는 저수지, 호수, 해안, 하구 등에서 생활하는 흔한 겨울 철새다. 동판저수지의 갈대숲 사이로 헤엄치는 모습을 쉽게 볼 수 있다. 몸길이는 40cm이고, 검은색 댕기와 노란색 눈이 특징이다. 수컷은 옆구리와 배, 날개 일부가 회색이고 옆구리는 선명한 흰색이며 몸의 나머지 부분은 검은색이다. 암컷은 수컷에 비해 댕기가 짧고 옆구리는 어두운 갈색이다. 머리에는 보라색 광택이 없고 부리와 다리는 푸른빛이 도는 회색이다. 조개류, 수서곤충의 유충, 갑각류, 풀씨 등을 즐겨 먹는다.

Appearance L 40cm. Black long crest and yellow iris. Male: belly, primaries, secondaries and flanks distinctive white contrasting with other parts of body in black.
Female: shorter crest than male's, dark brown flanks, lacks purple glossed on head, bill and legs bluish-grey.

Habitat reservoirs, lakes, seashores, estuaries

Food shellfish, larvae of freshwater insects, crustaceans, grass seeds

Status Often observed swim around reeds at Dongpan Reservoir.

댕기흰죽지 부부 한 쌍이 다정하게 헤엄치고 있다.

흰죽지

Common Pochard *Aythya ferina*

기러기목 오리과

흰죽지는 호수의 늪, 하천, 저수지, 하구 등에서 생활하는 대표적인 잠수성 오리다. 주남저수지에서는 큰 무리가 월동한다. 댕기흰죽지, 검은머리흰죽지와 함께 월동하며 주남저주지의 수심에 따라 개체수의 변화가 심한 종이다. 몸길이는 45cm이며, 수컷의 머리는 적갈색이고 가슴은 검고 몸은 회색이다. 암컷의 머리와 가슴은 갈색이며 몸은 회갈색이다. 부리는 검고 중앙에는 회색 띠가 있으며 다리는 잿빛이다. 조개류, 수초의 잎 · 줄기 · 열매, 수서곤충, 무척추동물 등을 먹는다.

Appearance L 45cm. ● Male: grey body with chestnut head and neck; and black breast and tail-coverts. ● Female: head and breast brown; body grey-brown; bill dark grey with black tip; legs ashy.

Habitat lakes, rivers, reservoirs, estuaries

Food shellfish, aquatic plants, aquatic insects, invertebrates

Status Many winter with Tufted Ducks and Greater Scaups in Junam. Population fluctuates according to the water depth of Junam Reservoir.

암컷

수컷

은빛 물결 위로 날아오르는 흰죽지떼

대규모의 흰죽지 무리가 주남저수지에서 겨울을 나고 있다.

흰비오리

Smew *Mergus albellus*

기러기목 오리과

흰비오리는 호수, 하천, 저수지, 하구와 해안 등에서 생활하는 흔하지 않은 겨울 철새다. 몸길이는 42cm이며, 수컷은 몸 전체가 흰색이고 눈 주위에 검은색 반점이 있다. 뒷머리·어깨·등·가슴에는 검은색 무늬가 뚜렷하게 있다. 암컷의 머리는 적갈색이고, 등은 회색이며 배는 흰색이다. 날 때는 수컷과 같이 날개에 흰색과 검은색 무늬가 뚜렷하게 보인다. 물고기, 연체동물, 갑각류 등을 먹는다.

Appearance L 42cm. • Male: Strikingly white with black loral patch, back, and primaries. • Female: chestnut cap and hindneck; white cheek and throat; white and black patch on wings seen in flight.

Habitat lakes, rivers, reservoirs, estuaries, seashores

Food fish, mollusks, crustaceans

예쁜 몸매를 뽐내고 있는 흰비오리 부부

개리

Swan Goose *Anser cygnoides*

기러기목 오리과

개리는 천연기념물 제325호 지정된, 비교적 귀한 겨울 철새이자 나그네새다. 주로 호수, 늪, 저수지, 소택지, 해안 간척지 등에서 생활한다. 주남저수지에는 매년 3~4마리가 규칙적으로 관찰되며, 현재 지구상에 약 10만 마리가 생존해 있는 것으로 추산된다. 과거에는 흔하게 볼 수 있었으나 최근에는 주남저수지, 낙동강 하구, 금강 하구에서 적은 수가 월동하고 있다. 몸길이는 87cm이며, 암수의 형태가 같다. 머리 꼭대기에서 목 뒷부분까지 진한 갈색이고, 눈 밑에서 목 앞부분까지는 연한 갈색으로 그 색이 뚜렷하게 구별된다. 뺨·앞목·아랫배는 흰색이며 가슴은 회갈색이다. 부리는 검은색으로 길고, 기부에는 흰 띠가 있으며 다리는 황색이다. 수중식물, 벼 낟알, 조개 등을 즐겨 먹는다.

Appearance L 87cm. Sexes alike. Dark brown from crown to hindneck contrasting with light brown from eye to foreneck, chinstrap and foreneck; breast and upper mantle washed orange; bill black with a white band at base; legs orange.

Habitat lakes, reservoirs, seashores, reclaimed lands, grasslands, swamps

Food aquatic plants, grains, shellfish

Status Used to be often observed, now a few winter in Junam, Estuaries of Nakdong and Geum River. Three or four wintering individuals observed in Junam Reservoir regularly. Remaining individuals estimated about 100,000 in the world. Designated as natural monument No. 325.

하늘을 힘차게 날아가는 개리

쇠기러기

White-fronted Goose *Anser albifrons*

기러기목 오리과

쇠기러기는 저수지, 호수, 강, 해안, 간척지, 습지, 농경지 등에서 생활하는 흔한 겨울 철새다. 금강 하구, 주남저수지 등에서 큰 무리가 월동했으나 최근에는 주남저수지 주변의 환경이 악화되면서 점점 월동 집단이 감소하고 있다. 몸길이는 72cm이며, 암수 모두 몸 전체가 회갈색이다. 배에는 불규칙한 검은색 줄무늬가 있다. 부리는 분홍색이고 이마는 선명한 흰색이며 발은 주황색이다. 어린새에는 이마의 흰무늬와 배의 얼룩 줄무늬가 없다. 대부분 무리를 이루어 생활하며, 벼 낟알, 초본식물의 잎, 보리나 밀의 푸른 잎 등을 즐겨 먹는다.

Appearance L 72cm. Sexes alike. Body greyish-brown overall; black stripes scattered on belly; bill yellowish-brown, forehead white, and feet orange. ● Juvenile: lacks white on forehead and black stripes on belly.

Habitat reservoirs, lakes, rivers, seashores, reclaimed lands, paddies

Food grains, herbs, leaves of barleys and wheats

Status Many used to winter at the Estuary of Geum-River and Junam Reservoir. However, wintering numbers have recently declined as the environmental condition of Junam has been deteriorating.

주남저수지 주변 논에서 먹이를 먹다 일제히 고개를 들어 경계하고 있다.

날개를 휘저으며 하늘 높이 비상하는 쇠기러기

"푸드덕 푸드덕" 힘찬 날갯짓으로 날아오르는 쇠기러기

흰기러기

Snow Goose *Anser caerulescens*

기러기목 오리과

흰기러기는 저수지, 간척지, 농경지 등에서 생활하는 매우 희귀한 겨울 철새다. 기러기 무리에 섞여 월동하며, 주남저수지에서는 1994년에 한 마리가 찾아와 월동했다. 몸길이는 67cm이다. 검은색의 날개 끝을 제외한 몸 전체가 흰색이며, 부리와 다리는 분홍색이다. 주로 식물성 먹이와 수서동물, 곤충류, 조개류 등을 먹는다.

Appearance L 67cm. All white with black primaries, bill and legs pink.
Habitat reservoirs, reclaimed lands, paddies
Food vegetables, aquatic animals, insects, shellfish
Status In 1994, an individual observed wintering in Junam Reservoir.

흰기러기가 큰부리큰기러기, 쇠기러기 무리와 함께 논에서 먹이를 먹다가 갑자기 긴장하며 주위를 경계하고 있다.

캐나다기러기

Canada Goose *Branta canadensis*

기러기목 오리과

캐나다기러기는 저수지, 강, 농경지, 초지 등에서 다른 기러기 무리에 섞여 생활한다. 우리 나라에서는 영화 「아름다운 비행」의 주인공으로 유명해졌다. 주남저수지에는 1992년 1월에 두 마리가 월동했으며, 2000년 12월에도 한 마리가 월동한 기록이 있다. 몸길이는 67cm이다. 머리와 목은 검은색이며 흰색의 뺨과 대조를 이룬다. 몸의 아랫면은 회갈색이며, 부리·다리·등·꼬리는 검은색이다.

Appearance L 67cm. Head and neck black; chinstrap white; rump and tail black with contrasting white band of uppertail coverts; bill, legs black.

Habitat reservoirs, rivers, paddies, grasslands

Status In Junam, two wintering individuals observed in January 1992 and one wintering individual in December 2000.

캐나다기러기 한 마리가 주남저수지에서 외롭게 월동하고 있다. (2000년 12월)

큰부리큰기러기

Taiga Bean Goose *Anser fabalis middendorffi*

기러기목 오리과

큰부리큰기러기(Taiga Bean Goose)는 저수지, 강, 해안, 습지 등에서 생활하는 대표적인 겨울 철새이며, 주로 주남저수지, 우포늪, 낙동강 하구에서 월동한다. 가창오리가 줄어든 이후에 주남저수지에서는 가장 많은 수가 월동하며, 해마다 수천 마리가 몰려와 장관을 이룬다. 몸길이는 85cm이며, 암수 모두 머리와 등·옆구리는 진한 갈색이고 배는 연한 갈색이다. 꼬리는 흰색 바탕에 검은색의 굵은 띠가 있으며, 검은색의 부리 끝에는 주황색 띠가 있다. 큰기러기(Tundra Bean Goose *Anser fabalis serrirostris*)의 아종이며, 우리 나라의 서해안에서 많은 수가 월동하는 큰기러기에 비해 몸이 크고 목이 길며, 부리도 고니류처럼 가늘고 길다. 또한 큰기러기는 대부분 논에서 벼 낟알과 초본식물을 먹지만 큰부리큰기러기는 저수지와 강 하구에서 수초의 뿌리와 열매를 즐겨 먹는다.

Appearance L 85cm. Size larger and neck longer than Bean Goose; head, back and flanks dark brown; tail white with thick black band; bill black with orange tip.

Habitat reservoirs, rivers, seashores

Food roots and seeds of aquatic plants(Tundra Bean Goose prefers grains and herbs in dry lands.)

Status Most abundant winter visitor in Junam since the population of Baikal Teal has decreased. Also observed in Woopo marsh and estuary of Nakdong River.

먹이를 찾고 있다 갑작스런 인기척에 놀라 긴장하는 큰부리큰기러기

멋진 비행을 펼치는 큰부리큰기러기

무리를 지어 하늘로 날아오르는 큰부리큰기러기

고니

Tundra Swan *Cygnus columbianus*

기러기목 오리과

고니는 천연기념물 제201호로 지정된 겨울 철새다. 저수지, 하구, 습지, 강, 간척지 등에서 생활하며, 주남저수지에서는 큰고니 무리와 함께 적은 수가 월동하지만 그 수가 점점 줄어들고 있다. 몸길이는 120cm이고, 큰고니와 유사하나 크기가 작으며 부리 기부의 노란색 부분이 더 좁고 끝이 둥글다. 암수 모두 몸은 흰색이며 부리와 다리는 검은색이다. 습성과 식성은 큰고니와 비슷하다.

Appearance L 120cm. Smaller than Whooper Swan. Sexes alike. Body white, bill and legs black; yellow at base of bill.

Habitat reservoirs, rivers, estuaries, reclaimed lands

Food steam and roots of freshwater plants, seeds, aquatic insects

Status A few winter with Whooper Swans in Junam. Designated as natural monument No. 201.

큰 날개를 펄럭이며 힘차게 날아오르는 고니

고니 한 무리가 주남저수지로 날아들고 있다.

아름다운 노을 속을 고니 가족이 헤엄치고 있다.

큰고니

Whooper Swan *Cygnus cygnus*

기러기목 오리과

큰고니는 고니, 흑고니와 함께 천연기념물 제201호로 지정된 겨울 철새다. 주로 저수지, 하구, 호수, 간척지, 초습지 등에서 생활한다. 주남저수지에서 월동하는 고니류 중에는 대부분 큰고니이며, 고니는 그 수가 적은 편이다. 몸길이는 140cm이며, 우리 나라에서 월동하는 물새류 중 가장 크고 무겁다. 암수 모두 몸 전체가 흰색으로 아름다워 '겨울 철새의 여왕'이라고도 불린다. 부리 끝과 다리는 검은색이며 부리 기부의 노란색 부분이 앞으로 뾰족하게 나와 있다. 어린새의 몸은 회갈색이다. 담수성의 수중식물 줄기 또는 뿌리, 육상식물의 열매, 수서곤충 등을 먹는다.

Appearance L 140cm. The biggest and heaviest water bird wintering in Korea. Black bill with extensive yellow base extending as wedge down upper mandible reaching nostrils.
• Juvenile: body greyish-brown

Habitat reservoirs, estuaries, lakes, rivers, reclaimed lands, grasslands

Food stems and roots of freshwater plants, seeds, freshwater insects

Status Most abundant among wintering swans in Junam Reservoir. Designated as natural monument No. 201 with Tundra Swan and Mute Swan.

큰고니 가족이 일렬로 줄을 지어 아름다운 자태를 뽐내고 있다.

무리를 지어 창공을 날아가는 큰고니

3월 초 따뜻한 날씨에 큰 날개를 펼쳐 기지개를 켜고 있다.

노랑부리저어새

Eurasian Spoonbill *Platalea leucorodia*

황새목 저어새과

노랑부리저어새는 천연기념물 제205호로 지정하여 보호하는, 매우 희귀한 겨울 철새다. 소택지, 호수, 저수지, 개활 평지의 물가, 하구 등에서 생활하며, 매년 규칙적으로 5~8마리가 주남저수지에서 월동한다. 몸길이는 86cm이며, 암수 모두 몸 전체가 흰색이다. 주걱 모양의 부리가 특이해 다른 새와 쉽게 구별된다. 여름깃은 뒷머리에 긴 다발 모양의 황색 장식깃이 있고 목 밑은 황적색을 띤다. 부리 끝은 노란색이며 기부와 다리는 검은색이다. 먹이를 잡을 때는 부리를 물 속에 넣고 좌우로 노를 젓듯이 저어가면서 전진하며, 작은 물고기, 개구리, 올챙이, 조개류, 곤충류 등을 먹는다.

먹이를 찾고 있는 어린새

Appearance L 86cm. Female smaller than male. Body white overall for both; easily distinguishable from spoon-shaped bill.
Br: long crest yellowish, wide yellow bar on neck and upper breast; orange patch on throat; bill tip yellowish and black at base; legs black. Non-Br: lack crest.

Habitat lakes, reservoirs, riparian areas, estuaries, swamps

Food small fish, frogs, tadpoles, shellfish, insects; Move forward with the bill moving left and right to catch food under water.

Status Five to eight individuals regularly winter in Junam Reservoir. Designated as natural monument No. 205.

동판저수지에서 주남저수지로 날아가는 노랑부리저어새

머리를 좌우로 휘저으며 물고기를 잡아먹고 있다.

저어새

Black-faced Spoonbill *Platalea minor*

황새목 저어새과

저어새는 천연기념물 제205호로 지정된, 희귀한 여름 철새다. 주남저수지에서는 겨울철에 노랑부리저어새와 함께 매우 드물게 월동한다. 주로 저수지, 갯벌, 하구 등에서 생활하며 지구상에 약 1,000마리가 생존하고 있다고 한다. 몸길이는 74cm이고 몸 전체가 흰색이며 부리와 다리는 검은색이다. 여름철에는 뒷머리에 황갈색의 긴 댕기와 장식깃이 있으며, 눈 주위는 검은색 부리 기부와 폭넓게 연결되어 있다. 어린새는 날개 끝이 검고 부리가 어미새보다 더 연하다. 작은 민물고기, 개구리, 올챙이, 곤충, 연체동물을 즐겨 먹는다.

Appearance L 74cm. Entirely white wings and body. ● Adult: pale yellowish crest on back of head, pale yellow upper breast; black facial skin across forehead through lore to eyes. ● Juvenile: duller bill, darker wing tip than adults.

Habitat reservoirs, mud flats, estuaries

Food small freshwater fish, frogs, tadpoles, insects, mollusks

Status About 1,000 individuals remain in total. Together with Eurasian spoonbills, rarely winter in Junam. Designated as natural monument No. 205.

세계적 희귀조 저어새 한 마리가 주남저수지에서 겨울을 나고 있다.

날개를 휘저으며 시원스레 날아가는 저어새

황새

Oriental White Stork *Ciconia boyciana*

황새목 황새과

황새는 과거에 우리 나라 어디에서나 쉽게 볼 수 있는 텃새였으나 서식지 파괴와 포획 등으로 지금은 멸종 위기의 종이 되었다. 1971년 4월 우리 나라에서 마지막으로 번식하던 한 쌍마저도 밀렵꾼에 의해 수컷이 희생된 이후 드물게 찾아오는 매우 진귀한 새가 되었다. 주남저수지에는 88년 10월에 한 번 찾아온 이후 다시 찾아오지 않고 있다. 몸길이는 112cm이고, 날개를 편 길이는 195cm이다. 암수 모두 몸 전체가 흰색이며 부리와 날개 뒤의 반쪽은 광택 나는 검은색이고, 눈 주위와 다리는 붉은색이다. 최근 황새를 보호하고 인공 번식을 시도하는 등 우리 나라에서는 황새의 번식 집단을 복원하려는 노력이 진행되고 있다. 천연기념물 제199호이다.

큰 날개를 펼쳐 힘차게 날아오르는 황새

Appearance L 112cm. W 195cm. Both sexes entirely white, bill and flight feathers glossed-black, skin around eye and legs red.

Status Before the 1940's it was common resident throughout korea, but recent days recorded as endangered species due to habitat loss. Since the male of the last breeding pair in South Korea was poached April 1971, Oriental White Stork became a very rare winter visitor. Only one record in Junam Reservoir in October 1988. Trial for recovering on process. Designated as natural monument No. 199.

주남저수지 상공을 선회 비행하는 황새

뿔논병아리

Great Crested Grebe *Podiceps cristatus*

논병아리목 논병아리과

뿔논병아리는 저수지, 하구, 강, 해안 등에서 흔하게 생활하는 겨울 철새이자 텃새다. 주남저수지에서는 적은 수의 개체를 확인할 수 있다. 몸길이는 49cm이며 논병아리류 중에서 덩치가 제일 크다. 머리에는 검은색 뿔깃이 있고 긴 목이 특징이다. 겨울철에는 얼굴과 앞목은 흰색이며 부리는 분홍색이다. 여름철에는 귀깃이 적갈색이며, 머리와 목의 경계 부분은 검은색이다. 어류, 양서류, 수생곤충, 연체동물 등을 먹는다.

Appearance L 49cm. Biggest of all grebes. Long neck and black crown. Non-Br: face and foreneck white, bill pink. Br: chestnut and black plumes on ear coverts and black band on throat.
Habitat reservoirs, estuaries, rivers, seashores
Food fish, amphibians, aquatic insects, mollusks
Status A few observed in Junam Reservoir.

기지개를 켜는 뿔논병아리

물 위에서 먹이를 찾아 헤엄치고 있다.

민물가마우지

Great Cormorant *Phalacrocorax carbo*

사다새목 가마우지과

민물가마우지는 해안, 하구, 저수지, 강, 호수 등에서 생활하는 흔한 겨울 철새다. 주남저수지에서는 드물게 확인되며, 저수지의 갈대섬에서 날개를 펴고 깃털을 말리는 모습을 가끔 볼 수 있다. 몸의 윗면은 푸른빛이 도는 갈색이며 부리의 기부는 노란색이다. 부리와 눈 주위의 나출된 피부는 흰색이고 그 경계 부분은 둥글다. 여름철에는 다리 위쪽에 흰색의 반점이 있으며, 1월경에는 머리꼭대기에서 목까지 가는 실 모양의 흰색 장식깃이 생긴다. 주로 잠수해서 물고기를 잡아먹는다.

Appearance Upperparts blackish with green or bronze-brown gloss. Br: white patch on thigh. Varying amount of whitish hair-like plumes on rear of head and neck; white cheeks.

Habitat seashores, estuaries, reservoirs, rivers, lakes

Food fish

Status Sometimes wintering individuals winter in Junam Reservoir.

주남저수지를 힘차게 날아오르는 민물가마우지

재두루미 ☯●

White-naped Crane *Grus vipio*

두루미목 두루미과

재두루미는 저수지, 논, 소택지, 하구, 갯벌, 개활지, 초습지 등에서 생활하는 귀한 겨울 철새다. 우리 나라에서는 천연기념물 제203호로 지정하여 보호하고 있으며, 지구상에 약 6,000여 마리가 생존하는 것으로 추산된다. 주남저수지에는 매년 규칙적으로 도래한다. 몸길이는 127cm이며, 암수의 형태가 동일하다. 눈 주위는 붉고 그 주위가 검으며, 머리와 턱밑 및 목의 뒷부분은 흰색이다. 앞목·가슴·등·배는 진한 회색이고, 날개 앞쪽은 회색이다. 어린새의 뒷머리는 붉은빛을 띤 갈색이다. 식물의 뿌리, 벼 낟알, 어류, 갑각류 등을 먹는다.

Appearance L 127cm. Sexes alike. Red skin with blackish outer part around eyes; white on lower chin and hindneck; underparts and foreneck dark grey; wing coverts pale bluish-grey. ● Juvenile: reddish brown on back of head.

Habitat reservoirs, paddies, swamps, estuaries, open fields, mud flats

Food plant roots, grains, fish, crustaceans

Status Yearly visit Junam on a regular basis. Total of about 6,000 individuals remain. Designated as natural monument No. 203.

일찍 찾아온 진객 재두루미 한 마리가 오랜 여행에 지친 날개를 접고 쉬고 있다.

주남저수지 주변 논에서 벼 낟알을 먹고 있는 재두루미 한 무리가(아래)
갑자기 놀라 일제히 고개를 들어 주위를 경계하다가(가운데) 하늘위로 날아오르고 있다.(위)

두루미

Red-crowned Crane *Grus japonensis*

두루미목 두루미과

두루미는 저수지, 논, 소택지, 하구, 갯벌, 초습지, 개활지 등에서 생활하는 매우 귀한 겨울 철새다. 현재 지구상에 약 1,700~2,000여 마리가 생존하고 있으며, 우리 나라에서는 천연기념물 제202호로 지정하여 보호하고 있다. 1997년 주남저수지에 처음으로 어린새 한 마리가 월동한 기록이 있다. 몸길이는 140cm이며, 형태는 암수 동일하다. 머리꼭대기는 붉고 턱밑과 목 날개의 뒤쪽은 검은색이며 나머지 부분은 흰색이다. 다리는 검고 부리는 황갈색이며, 어린새는 머리에서 목까지 갈색이고 날개 끝은 검은 반점이 있는 흑갈색이다. 민물고기, 곤충류, 개구리, 벼 낟알 등을 먹는다.

Appearance L 140cm. Sexes alike. Body mostly white; red crown with rear of head and nape white, throat and neck black; long black tertials droop over tail; brown-yellowish bill; legs black. ● Juvenile: brown head and neck; wing tip dark brown with black spot.

Habitat reservoirs, paddies, estuaries, mud flats, swamps, open fields

Food freshwater fish, insects, frogs, grains

Status Total of about 1,700~2,000 individuals remain. In Junam, a single juvenile wintered for the first time in 1997. Designated as natural monument No. 202.

어린새 한 마리가 주남저수지에서 외롭게 겨울을 나고 있다.(1997년)

주남저수지 주변을 날고 있는 어린새

흑두루미

Hooded Crane *Grus monacha*

두루미목 두루미과

흑두루미는 천연기념물 제228호로 지정된, 희귀한 겨울 철새이자 나그네새다. 주로 저수지, 농경지, 갯벌, 하구, 개활지 등에서 생활한다. 현재 지구상에 약 9,400~9,600여 마리가 생존하고 있으며, 약 90% 이상이 일본 규슈 남단 이즈미 지방에 도래하여 월동한다. 경북 고령군 다산면과 옥포면 일원에 200~300여 마리가 월동했으나 그 지역의 환경이 파괴되면서 최근에 사라진 이후 순천만에 일부 무리가 월동한다고 알려져 있다. 주남저수지에는 1997년에 두 마리가 월동한 기록이 있다. 몸길이는 100cm이며, 몸 전체가 암회색이고 머리는 흰색이다. 이마는 검고 머리꼭대기에는 붉은색 반점이 있다. 어류, 곤충류, 갑각류, 복족류, 벼 낟알, 보리, 사초과의 식물 열매와 뿌리 등을 먹는다.

일본 이즈미 지방으로 가던 흑두루미 무리가 주남저수지 상공을 선회 비행하고 있다.

Appearance L 100cm. White head and upper neck with entirely dark-grey body; bare red skin on forecrown.

Habitat reservoirs, paddies, open fields, estuaries, mud flats

Food fish, insects, crustaceans, gastropods, grains

Status Total of about 9,400~9,600 individuals remain. More than 90% winter in Izumi, the southern part of Kyusyu in Japan. In Korea, 200~300 individuals used to winter in Dasan-myeon Goryeong-gun in Gyeongbuk Province and Okpo-myeon Dalseong-gun in Daegu. Now a few numbers winter in the Gulf of Sunchon, Jeonnam Province and so on. Two individuals wintered at Junam Reservoir, in 1997. Designated as natural monument No. 228.

독수리 ◎●

Cinereous Vulture *Aegypius monachus*

매목 수리과

독수리는 저수지, 하천, 하구, 개활지, 농경지 등에서 생활하는 겨울 철새다. 우리 나라에서는 천연기념물 제243호로 지정하여 보호하고 있다. 주로 철원, 연천, 파주의 비무장지대에 도래하지만 낙동강 하구와 주남저수지, 순천만, 해남 등지에도 드물게 관찰된다. 몸길이는 100~112cm이며, 펼친 날개길이가 250~295cm나 되는 대형 수리다. 암수 모두 몸 전체가 검은빛이 도는 진한 갈색이며 목 주위를 감은 특이한 깃이 있다. 머리는 피부가 드러나 회갈색으로 보이고, 부리는 검고 매우 크며 기부는 살색이다. 주로 동물의 사체와 죽은 물새를 먹기 때문에 '청소부'라고 불린다.

주남저수지를 찾아온 독수리가 위풍당당하게 주변을 노려보고 있다.

Appearance L 100~112cm. W 250~295cm. Rather uniform sooty-brown plumage looks black at a distance; shaggy collar; head skin looks brownish-grey, big black bill with pinkish at base.

Habitat reservoirs, rivers, estuaries, open fields, paddies

Food carcasses

Status Mostly winter in Cheorwon, Yeoncheon, and Paju. Small numbers irregularly observed in southern parts of Korea, such as the Estuary of Nakdong River, Junam Reservoir, Gulf of Suncheon, and Haenam. Designated as natural monument No. 243.

검독수리

Golden Eagle *Aguila chrysaetos*

매목 수리과

검독수리는 산악 지역, 해안 절벽과 겨울철에는 저수지, 내륙 평지, 하천 등에 도래하며, 주남저수지에는 드물게 찾아오는 매우 희귀한 겨울 철새다. 천연기념물 제 243호로 지정하여 보호하고 있으며, 점점 사라져가므로 적극적인 보호가 필요한 종이다. 몸길이가 수컷은 81.5cm, 암컷은 89cm이며, 펼친 날개길이는 167~213cm이다. 몸 전체가 어두운 갈색이며, 머리와 뒷목은 황갈색이다. 갈고리 모양의 부리는 검은색이며, 다리는 어두운 갈색이다. 어린새는 날개 안쪽과 꼬리 기부가 흰색이고 끝에는 검은 띠가 있다. 주로 작은 포유류와 중형 조류 등을 잡아먹는다.

Appearance W 167~213cm. Male: L 81.5cm. Female: L 89cm. Large, blackish brown eagle with diagnostic golden nape; black hook-shaped bill, legs yellowish brown. Juvenile: white at base of flight feathers, tail wings with dark terminal band.

Habitat mountains, cliffs around seashores; in winter usually use reservoirs, flat lands, rivers.

Food small mammals, middle sized birds

Status Rare winter visitor in Junam Reservoir. Disappearing rapidly in korea. Designated as natural monument No. 243.

하늘을 가릴 듯 크고 넓은 날개로 세상을 굽어보는 활공의 명수 검독수리

흰죽지수리

Imperial Eagle *Aquila heliaca*

매목 수리과

흰죽지수리는 저수지, 농경지, 하구, 개활지 등에 도래하는, 매우 희귀한 겨울 철새다. 주남저수지에는 매우 드물게 찾아와 월동한다. 몸길이는 수컷 77.5cm, 암컷 83cm이며, 펼친 날개길이가 190~211cm이다. 암수 모두 노란색을 띤 갈색의 머리와 어깨깃의 흰 점을 제외한 몸의 대부분이 어두운 갈색이다. 날 때에는 날개를 수평으로 펼친다. 어린새는 날개덮깃에 밝은 갈색 반점이 많고 가장자리에는 굵은 띠가 있다. 조류, 작은 포유류, 동물의 사체, 곤충류 등을 먹는다.

Appearance W 190~211cm. Male: L 77.5cm. Female: L 83cm. Body dark brown overall, large head with pale crown; some white feathers on scapulars; wing position horizontal when flying. Juvenile: light brown speckles on wing coverts; pale edge to greater upperwing-coverts forms wing bar.

Habitat reservoirs, paddies, estuaries, open fields

Food insects, birds, small mammals, carcasses

Status Rarely winter in Junam Reservoir.

오리 한 마리를 사냥한 어린 흰죽지수리가 발톱으로 움켜잡고 있다.

잿빛개구리매

Hen Harrier *Circus cyaneus*

매목 수리과

잿빛개구리매는 개구리매류 중에서 가장 흔한 겨울 철새다. 저수지 주변의 갈대숲, 농경지 등에서 생활하며, 주남저수지에서는 드물게 관찰할 수 있다. 몸길이는 수컷이 45cm이고 암컷은 51cm이며, 펼친 날개길이는 99~123cm이다. 선명한 흰색의 허리가 특징이며, 암컷은 날개와 등이 어두운 갈색이며 눈썹선이 뚜렷하고 허리는 흰색이다. 수컷은 머리와 가슴·등·꼬리가 잿빛이며 날개 끝은 검고 배는 흰색이다. 설치류, 참새목의 조류 등을 주로 먹는다. 천연기념물 제323호이다.

Appearance W 99~123cm. ● Male: L 45cm. Pale grey with black primaries and dark trailing edge to underwing, white from upper breast to undertail coverts; black wing tip, white belly. ● Female: L 51cm. Wings and back dark brown, clear supercilium; tail and flight feathers of underwing clearly barred.

Habitat reeds nearby reservoirs, paddies

Food rodents, small birds

Status Rarely observed in Junam Reservoir. Designated as natural monument No. 323.

동판저수지에서 사냥감을 찾는 잿빛개구리매가 선회 비행을 하고 있다.

말똥가리 ●

Common Buzzard *Buteo buteo*

매목 수리과

말똥가리는 습지, 저수지, 농경지, 초원, 하천, 숲 등에서 생활하는 흔한 겨울 철새다. 사냥하는 모습이 동판저수지에서 가끔 확인된다. 몸길이는 수컷이 52cm이고 암컷은 56cm로 암컷이 약간 크며, 펼친 날개길이는 122~137cm이다. 비행할 때 날개 아랫면의 암갈색 점이 보이는 것이 특징이다. 대개 날개 아랫면은 밝은 갈색이고 날개 끝과 배·옆구리는 어두운 갈색이다. 정지 비행을 하며 설치류, 양서류, 파충류, 조류, 곤충류 등을 먹는다.

Appearance W 122~137cm. ● Male: L 52cm. ● Female: L 56cm. Plumage is variable; pale head and underparts variably streaked with brown; dark brown flanks and upper belly patch contrast with whitish lower belly and undertail coverts; wings have black tips to primaries and black, usually distinct, carpal patches.

Habitat reservoirs, paddies, grasslands, rivers, forests

Food rodents, amphibians, reptiles, birds, insects; hover searching for food

Status Occasionally observed hunting nearby Dongpan Reservoir.

정지 비행으로 사냥감을 찾는 말똥가리

사냥을 마친 말똥가리가 썩은 나무 위에서 주변을 경계하며 쉬고 있다.

붉은부리갈매기

Black-headed Gull *Larus ridibundus*

도요목 갈매기과

붉은부리갈매기는 저수지, 해안, 하구, 갯벌, 강, 호수 등에서 생활하는 흔한 겨울 철새다. 몸길이는 40cm이며, 암수 모두 머리와 날개 끝이 갈색을 띤 검은색인데 겨울철에는 머리 위쪽의 점무늬만 남고 흰색이 된다. 부리와 다리는 붉은색이고 등과 날개는 회색이며, 날개 앞쪽과 몸통·꼬리는 흰색이다. 어류, 곤충류, 갑각류, 음식물 찌꺼기 등을 먹는다.

Appearance L 40cm. Red bill and legs; pale grey upperwing has white leading edge to outer wing and blackish tips to outer 6~8 primaries. Br: dark brown hood and white nape. Non-Br: white head with blackish ear spot; red bill has black tip.

Habitat reservoirs, seashores, estuaries, mud flats, rivers

Food fish, insects, crustaceans, food wastes

주남저수지 물 위에서 사냥하고 있는 붉은부리갈매기

우아하게 쉬고 있는 붉은부리갈매기

댕기물떼새

Northern Lapwing *Vanellus vanellus*

도요목 물떼새과

댕기물떼새는 저수지, 습지, 하구 등에서 생활하며 주남저수지에서는 흔하게 월동하는 겨울 철새다. 적게는 3~4마리에서 많게는 수백 마리가 무리를 이루는데 날 때에는 줄을 짓지 않고 자유롭게 날아간다. 몸길이는 30cm이며, 암수의 형태가 같다. 목의 뒷부분에서 몸통 위쪽까지는 검은 녹색이며, 허리는 희고 가슴에는 검은 띠가 있다. 특히 머리꼭대기에 있는 긴 댕기깃이 매우 아름답다. 곤충류, 다양한 무척추동물, 수초의 열매를 즐겨 먹는다.

Appearance L 30cm. Sexes alike. Distinctive long, black crest and black facial mark; upperparts dark glossy green, black breast band, rump white.

Ecology Form colonies from three or four individuals to many with hundreds; flying pattern of colonies irregular.

Habitat reservoirs, estuaries

Food insects, invertebrates, seeds of aquatic plants

Status Commonly winter in Junam Reservoir.

댕기물떼새 한 마리가 분주하게 먹이를 찾고 있다.

주남저수지 상공을 자유롭게 날고 있다.

머리꼭대기의 긴 댕기깃이 아름다운 댕기물떼새

민물도요

Dunlin *Calidris alpina*

도요목 도요과

민물도요는 도요류 중에서 가장 흔한 겨울 철새이자 나그네새다. 주로 해안이나 하구, 소택지, 갯벌, 저수지, 논, 물가 등에서 생활하는데, 가을철이면 물 빠진 주남저수지 위를 떼지어 날아다닌다. 몸길이는 19cm이며 부리는 아래로 약간 휘어져 있다. 암수 모두 겨울철에는 몸 윗면이 회색이고 아랫면은 흰색이며, 여름철에는 가슴에 검은색의 가는 줄무늬가 있다. 흰색 눈썹선이 있으며 배에는 검은색 무늬가 있고 등에는 검은색 반점이 있다. 조개류, 달팽이, 갑각류, 지렁이, 곤충류 등을 먹는다.

주남저수지 주변 논에서 먹이를 먹은 뒤 쉬고 있다.

Appearance L 19cm. • Br: black streaks on breast, white supercilium; large black patch on belly, black speckles on back; bill curved a bit downward. • Non-Br: Sexes alike. Upperparts grey-brown and underparts white.

Habitat swamps, seashores, estuaries, mud flats, reservoirs, paddies, riparian areas

Food shellfish, snails, crustaceans, earthworms, insects

Status Most common winter visitor among sandpipers. Many use Junam Reservoir as a stopover site at fall.

민물도요떼가 무리를 지어 은빛 물 위를 날고 있다.

주남저수지를 찾아온 민물도요떼가 갑자기 놀라 날아오르고 있다.

긴부리도요

Long-billed Dowitcher *Limnodromus scolopaceus*

도요목 도요과

긴부리도요는 저수지, 논, 하구 등에서 생활하는 길잃은새(미조)다. 주남저수지에서는 1999년 12월에 처음 확인됐다. 몸길이는 29cm이며, 몸에 비해 부리가 길고 직선이며 검게 보이지만 기부는 밝게 보인다. 다리는 노란색이고 허리와 꼬리에는 검은색 줄무늬가 조밀하게 있다. 겨울철에는 몸의 윗면은 회갈색, 아랫면은 흰색이며 여름철에는 몸 아랫면에는 어두운 갈색에 흑갈색의 반점이 있다.

Appearance L 29cm. Very long straight bill paler at base, legs yellow, dense black stripes on flanks and tail. ● Non-Br: demarcation between grey breast and white belly relatively distinct. ● Br: all underparts rufous; foreneck densely spotted.

Habitat reservoirs, paddies, estuaries

Status First observed in December 1999 in Junam Reservoir.

주남저수지에서 처음 확인된 긴부리도요(1999년 12월)

논병아리

Little Grebe *Tachybaptus ruficollis*

논병아리목 논병아리과

논병아리는 강, 호수, 저수지, 해안 등에서 흔하지 않게 번식하는 겨울 철새이자 텃새다. 겨울철에 집단으로 도래하는 무리를 관찰할 수 있으며, 주남저수지에서는 새끼를 데리고 다니는 모습을 종종 볼 수 있다. 몸길이가 26cm로 암수 모두 논병아리류 중에서 가장 작다. 겨울철에는 등이 회갈색, 배와 멱은 흰색, 목은 황갈색이다. 여름철에는 등은 암갈색, 배는 청백색, 뺨과 멱은 밤색이다. 어류, 복족류, 갑각류, 곤충류, 나무 열매 등을 먹는다.

Appearance L 26cm. Smallest grebe in korea. Br: dark-looking with cheeks and sides of neck chestnut; yellow gape patch. Non-Br: underparts and face sandy-buff, throat and rear-end paler; upperparts darker; bill pale

Habitat rivers, lakes, reservoirs, seashores

Food fish, gastropods, crustaceans, insects, fruits

Status Common resident and winter visitor. Breeding pair with juvenile often observed in Junam Reservoir.

겨울깃

새끼들에게 헤엄을 가르치고 있는 논병아리

백할미새

Black-backed Wagtail *Motacilla lugens*

참새목 할미새과

백할미새는 저수지 주변의 물가나 농경지 등에서 생활하는 흔한 겨울 철새다. 주남 저수지에는 적은 수가 찾아온다. 몸길이는 21cm이며, 생김새는 알락할미새와 비슷하나 검은색 눈선이 특징이다. 부리와 다리는 검은색이며 날개는 날 때 보이는 끝의 검은색을 제외하고 모두 흰색이다. 꼬리는 검은색이고 가장자리깃은 흰색이다. 수컷의 겨울깃은 등과 날개덮깃이 회색이고 가슴의 검은 부분이 좁아진다. 여름깃은 머리꼭대기와 등·가슴·날개덮깃이 검은색인데, 암컷은 수컷에 비해 몸 윗면과 가슴의 검은색 부분이 흐리다. 곤충류와 거미류를 즐겨 먹는다.

Appearance L 21cm. Black supercilium, bill and legs black; wings seen entirely white in flight except black wing tips; black tail with white outer parts.　●Male: Br: crown, back, breast, wing coverts black. Non-Br: back and wing coverts grey and smaller black patch on breast.
●Female: upperparts and breast paler than males.
Habitat around reservoirs, riparian areas, paddies
Food insects, spiders
Status A few observed in Junam Reservoir.

주남저수지 입구에 위치한 다리에서 쉬고 있는 백할미새

밭종다리

Buff-bellied Pipit *Anthus rubescens*

참새목 할미새과

밭종다리는 호수, 강, 물가 등에서 생활하는 흔한 겨울 철새이자 나그네새다. 추수를 끝낸 주남저수지 주변의 논 등에서 떼지어 날아다니는 모습을 관찰할 수 있다. 몸길이는 16cm이며 형태는 암수 동일하다. 겨울철에는 머리와 등·꼬리가 어두운 갈색이고 턱밑과 배는 흰색이다. 가슴과 옆구리에는 황갈색에 어두운 갈색의 줄무늬가 있다. 여름철에 배는 살색이 되고 등은 검은 회색을 띠며 눈썹선은 희미하다. 주로 곤충류, 거미류, 식물의 씨를 먹는다.

Appearance L 16cm. Sexes alike. Br: belly turns pinkish, pale brow behind eye, and across forehead; back blackish-grey with indistinct short black streaks. Non-Br: more strongly streaked on back and on whitish or buffy underparts with narrow black malar joining spotting on lower throat and breast.

Habitat paddies, riparian areas around reservoir

Food insects, spiders, seeds

Status Many fly over paddies around Junam Reservoir after harvest.

먹이를 먹다가 주위를 경계하고 있는 밭종다리

꼬리를 상하로 흔들며 걸어다니는 밭종다리

홍여새

Japanese Waxwing *Bombycilla japonica*

참새목 여새과

홍여새는 침엽수림, 참나무·향나무가 있는 공원의 활엽수림 등에서 생활하는 겨울철새이며, 우리 나라에는 드물게 찾아오는 귀한 새다. 몸길이는 18cm이며, 황여새와 형태와 습성이 비슷하다. 암수 모두 몸의 대부분이 갈색이고 배는 황색이다. 눈 옆·턱밑은 검고, 날개는 푸른빛이 도는 검은색이며 꼬리 끝은 붉은색이다. 주로 식물의 열매를 먹는다.

Appearance L 18cm. Pale greyish-brown body is richer brown on head and greyer on wings, rump and tail; black throat and eyelines which extend into rear of long swept-back crest; diagnostic dark pink tail tip.

Habitat coniferous forests, mixed forests with oaks and junipers at parks.

Food seeds

드물게 찾아오는 홍여새가 동판저수지 주변에서 아름다운 자태를 뽐내고 있다.

되새

Brambling *Fringilla montifringilla*

참새목 되새과

되새는 임지, 농경지, 저수지, 정원 등에서 생활하는 흔한 겨울 철새다. 주남저수지에는 작은 무리가 월동하며, 1990년대 경남 하동군에 수십만 마리가 찾아와 장관을 이룬 적이 있다. 몸길이는 16cm이고, 수컷의 겨울깃은 연한 흑갈색의 머리에 2개의 회색 줄무늬가 있으며 황갈색의 등에는 검은색 반점이 있다. 부리는 연한 노랑색이다. 여름깃은 머리와 등, 부리는 검고 날개에는 두 줄의 흰 띠가 있다. 날 때 허리는 희고 멱·가슴·어깨는 황갈색이며 배는 흰색이다. 암컷은 수컷의 겨울깃과 비슷하다. 머리는 연한 갈색이며 멱과 가슴, 어깨는 수컷보다 연하다. 주로 쌀, 보리, 옥수수 등 곡류의 낟알과 식물의 열매, 곤충류를 먹는다.

Appearance L 16cm. • Male: Br: upperparts black with some pale scaling; black tail; rufous breast, shoulders and wingbar. Non-Br: head and back scaled with rufous-buff and grey, grey sides to neck; yellowish bill tipped black. • Female: two blackish lateral crown stripes; paler on throat, breast and shoulder than males.

Habitat forests, paddies, reservoirs, gardens

Food grains, corns, seeds, insects

Status Hundreds of thousands visited Hadong-gun, Gyeongnam Province in the 1990's. Small numbers winter in Junam Reservoir.

나뭇가지에 앉아 쉬고 있는 되새

하늘을 까맣게 수놓은 되새떼

콩새

Hawfinch *Coccothraustes coccothraustes*

참새목 되새과

콩새는 저수지 주변의 숲과 개활지, 나무가 있는 정원 등지에서 흔하게 볼 수 있는 겨울 철새다. 몸길이는 18cm이며 부리가 두껍고 겨울에는 연한 살색, 여름에는 회색을 띤다. 꼬리는 검은색이며 끝은 흰색이다. 수컷의 머리는 갈색이고 뒷머리와 목 옆은 회색이며 등은 어두운 갈색이다. 날개는 푸른 광택이 나는 검은색이다. 몸의 아랫면은 연한 갈색이며 첫째날개깃과 큰날개덮깃은 흰색이다. 암컷은 수컷에 비해 몸 전체가 흐리다. 나무의 열매와 풀씨, 곤충류 등을 먹는다.

Appearance L 18cm. Compact-looking, with massive bill and short tail tipped white, conspicuous white wing bars and tail tip in flight; bill light pink in non-Br season, which turns grey in Br season; yellowish brown head and dark brown back. ● Male: yellowish-brown head with black bib and lores, grey nape, wings dark brown with glossy blue secondaries, underparts light brown; primary coverts and greater coverts white.
● Female: duller than males overall.

Habitat forests nearby reservoirs, open fields, stands in gardens

Food fruits, seeds, insects

겨울철에 쉽게 볼 수 있는 콩새 한 마리가 나무꼭대기에 앉아 주위를 살피고 있다.

쑥새

Rustic Bunting *Emberiza rustica*

참새목 멧새과

쑥새는 멧새과의 새 중에 가장 흔한 겨울 철새다. 농경지 주변과 활엽수림, 침엽수림, 혼효림 등에서 생활한다. 주남저수지 주변의 왕버들 나뭇가지를 날아다니는 모습을 관찰할 수 있다. 몸길이는 15cm이며, 암수의 형태가 비슷하다. 머리에는 짧은 뿔모양의 깃이 있다. 수컷의 겨울깃은 머리꼭대기와 뺨이 검은색이다. 암컷의 머리꼭대기와 뺨의 색은 탁한 색이며, 몸 아랫면의 줄무늬는 수컷에 비해 더 연한 색이다. 허리는 밤색이고 귀깃의 흰 점이 특징이며, 머리깃을 자주 세운다. 주로 곤충류와 풀씨 등을 먹는다.

Appearance L 15cm. Sexes alike. Short crest on head. • Male: Br: black head with white supercilium, moustachial, rear crown stripe and throat; chestnut nape, sides, flanks and broken breastband. • Female: similar to male Br. but center of crown white, with less striking head pattern, ear-covets brown with pale spot at rear.

Habitat forests, paddies

Food insects, grass seeds

Status Most common winter visitor among buntings. Winter at forests and paddies. Often fly around willow branches in Junam Reservoir.

추위를 피하기 위해 나뭇가지에서 웅크리고 있는 쑥새

주변을 경계하고 있는 쑥새

개똥지빠귀

Dusky Thrush *Turdus naumanni*

참새목 딱새과

개똥지빠귀(*T.n.eunomus*)는 산림, 농경지, 개활지, 정원 등에서 생활하는 겨울 철새이며 주남저수지 주변의 야산에서 쉽게 만날 수 있다. 몸길이는 23cm이다. 암수 모두 등이 암갈색이며 가슴은 흰색이고 배와 옆구리에 검은색 반점이 있다. 멱과 눈썹선은 노란색이 도는 흰색이다. 아종인 노랑지빠귀(*T.n.naumanni*)는 눈썹선이 연한 적갈색이고 등은 연한 녹색을 띤 갈색이다. 가슴과 옆구리·꼬리의 가장자리깃은 적갈색이며, 배의 중앙은 흰색이다. 식물의 씨나 열매와 곤충류를 먹는다.

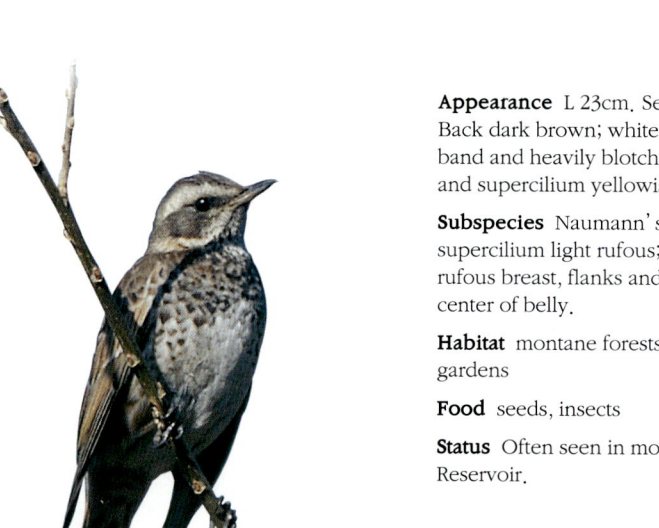

Appearance L 23cm. Sexes alike. ● *T.n.eunimus*: Back dark brown; white underparts with black breast band and heavily blotched with black below; throat and supercilium yellowish white.

Subspecies Naumann's Thrush(*T. n. naumanni*): supercilium light rufous; back light greenish-brown; rufous breast, flanks and outer tail feathers; white at center of belly.

Habitat montane forests, paddies, open fields, gardens

Food seeds, insects

Status Often seen in montane areas nearby Junam Reservoir.

나뭇가지에 앉아 쉬고 있는 개똥지빠귀

아종인 노랑지빠귀가 동판저수지 숲의 나뭇가지에 앉아 휴식을 취하고 있다.

주남저수지 주변 잔디밭에서 먹이를 찾고 있는 개똥지빠귀

흰날개해오라기
Chinese Pond Heron *Ardeola bacchus*

황새목 백로과

흰날개해오라기는 저수지, 논, 호수, 하천 등에서 생활하는 매우 희귀한 여름 철새이나, 남부 지방에서 드물게 월동하기도 한다. 1995년과 1999년 겨울에 주남저수지에서 한 마리씩 월동한 기록이 있다. 몸길이는 45cm이다. 겨울깃은 머리에서 가슴까지 암갈색의 세로줄무늬가 있으며, 등은 어두운 갈색이고 다리는 노란색이다. 여름깃은 머리·목·가슴이 붉은색을 띤 갈색이며, 등은 검은색, 날개와 배는 흰색이다. 부리는 노란색이며 그 끝부분이 검은색이다.

Appearance L 45cm. ● Br: head, neck, and breast chestnut becoming purplish on breast; back black, wings and belly white, bill yellow tipped black. ● Non-Br: head to breast white streaked grey-brown; back darker; legs yellow.

Habitat reservoirs, paddies, lakes, rivers

Status In each year of 1995 and 1999, a single individual wintered in Junam Reservoir. Rarely winter in southern parts of korea.

주남저수지 가장자리에서 먹이 사냥을 위해 물가를 노려보는 흰날개해오라기

흰날개를 자랑하며 상공을 날고 있는 모습

양지 바른 주남저수지의 물가에서 흰날개해오라기가 물고기를 잡아먹고 잠시 쉬고 있다.

여름철에
주남을 찾아오는 새
Summer Visitors

황로
중대백로
중백로
쇠백로
왜가리
해오라기
덤불해오라기
꾀꼬리
쇠물닭
꼬마물떼새
깝작도요
노랑할미새
알락할미새
제비
찌르레기
개개비
물총새
솔부엉이

황로
Cattle Egret *Bubulcus ibis*

황새목 백로과

주남저수지 주변의 야산에 둥지를 튼 황로 가족

황로는 강가, 저수지, 논 근처에서 생활하는 흔한 여름 철새다. 주남저수지에서는 여름에 다른 백로과의 새들과 함께 집단을 이루어 둥지를 틀고 번식하지만, 적은 수가 월동하기도 한다. 몸길이는 50cm이며, 암수 모두 여름철에는 머리·목·등의 일부가 주황색을 띤다. 부리는 짧고 두툼하며 겨울철에는 몸의 주황색이 사라진다. 어깨 사이는 오렌지색이고 나머지 부분은 흰색이다. 어린 새는 몸 전체가 흰색이고 부리는 노란색, 다리는 검은색이다. 어류, 곤충류, 개구리, 파충류 등을 먹는다.

Appearance L 50cm. ● Br: conspicuous orange plumes on head, breast and back; short and thick bill. ● Non-Br: Body all white though some have orange tinge remaining on head and back. ● Juvenile: Body all white; yellow bill and black legs

Habitat riparian areas, reservoirs, nearby paddies

Food fish, insects, amphibians

Status Breed with other egrets in Junam Reservoir.

알을 품고 있는 어미 황로

주남저수지 둑에서 장지뱀을 잡아 입에 물고 있는 황로(겨울깃)

황로 두 마리가 주남저수지 주변 논두렁을 한가롭게 걷고 있다.

중대백로
Great Egret *Egretta alba modesta*

황새목 백로과

중대백로는 저수지, 논, 하천, 양어장, 개울 등 물가에서 생활하는 흔한 여름 철새다. 최근 주남저수지에는 백로 사진을 찍기 위해서 많은 사진가가 찾아오고 있다. 몸길이는 90cm이며, 암수 모두 몸 전체가 흰색이다. 번식기에는 부리와 다리가 검고 눈 앞부분은 선명한 초록색이며 등에는 길고 아름다운 장식깃이 있다. 겨울이 되면 부리가 노란색으로 변하고 등에 있는 장식깃이 없어진다. 대백로(*E. a. alba*)는 중대백로(*E. a. modesta*)의 아종이며 겨울철에 도래하여 월동한다. 집단으로 둥지를 틀며 쇠백로, 중대백로와 함께 생활한다. 다리의 윗부분이 흐린 노란색 또는 주황색이므로 중대백로와 구별된다. 주로 어류와 양서류를 먹는다. 우리 나라에서는 백로와 왜가리 번식지 중 여러 곳을 천연기념물로 지정해 보호하고 있다.

Symbol of elegance and clearness. Many breeding areas of egrets and herons in Korea are designated as natural monument.

Appearance L 90cm. All white body.
● Br: Bill and legs black, facial skin blue-green; plumes on lower back; bill turns yellow and plumes disappear in non-Br season.

Subspecies *E. a. alba*(winter visitor): upper legs pale yellow or orange distinguishable from *E. a. modesta* in black.

Habitat reservoirs, paddies, rivers, riparian areas

Food fish, amphibians

주남저수지에 둥지를 틀고 새끼를 돌보고 있는 중대백로

둥지로 날아가는 중대백로

달콤한 입맞춤으로 사랑을 속삭이는 중대백로 부부

중백로

Intermediate Egret *Egretta intermedia*

황새목 백로과

중백로는 저수지, 논, 하천, 호수 등에서 생활하는 여름 철새다. 주남저수지 주변의 야산에서 백로과의 새들과 함께 번식한다. 몸길이는 68cm이며 암수 모두 몸 전체가 흰색이다. 형태는 중대백로와 비슷하나 머리는 중대백로에 비해 다소 둥글다. 여름철에는 목과 등에 장식깃이 발달하며, 기부와 부리의 일부는 노란색이고 나머지는 검은색이다. 겨울철에는 부리 전체가 노란색으로 변하고 끝부분만 검은색이다. 주로 저수지에서 물고기 등을 잡아먹는다.

새끼를 보살피고 있는 중백로 어미

Appearance L 68cm. All white plumage. Similar with Great Egret but head shape rounder. ● Br: plumes on upper breast and lower back; Bill black with yellowish at base of bill. ● Non-Br: dull yellow bill has dusty tip.

Habitat reservoirs, rivers, paddies, lakes

Food fish at reservoirs

Status Breed with other egrets at mountains around Junam Reservoir.

논에서 먹이를 찾아 이리저리 돌아다니는 중백로

중백로 한 쌍이 주위를 살피며 논에서 먹이를 찾고 있다.

쇠백로

Little Egret *Egretta garzetta*

황새목 백로과

쇠백로는 강가, 저수지, 강 하구, 얕은 바닷가 등에서 백로과의 새들과 함께 집단 번식하는 텃새이자 여름 철새다. 일부 개체는 주남저수지에서 월동하기도 한다. 몸길이는 61cm이며, 암수 모두 몸 전체가 순백색이나 부리와 다리는 검은색이다. 머리 뒤쪽에 두 가닥의 댕기가 있고, 짚신을 신은 것 같은 노란색 발가락이 특징이다. 다른 백로과에 비해 활발히 걸으면서 먹이를 찾는다. 주로 수서곤충, 어류, 갑각류, 개구리 등을 즐겨 먹는다.

Appearance L 61cm. All white body; bill and legs black with conspicuous yellow feet.
- Br: two long plumes from rear crown; also plumes on breast and lower back.
- Non-Br: No plumes on head, breast and back.

Habitat riparian areas, reservoirs, estuaries, seashores

Food aquatic insects, fish, crustaceans, frogs
More active than other egrets walking around to search for food.

Status Colonially breed with other egrets. Some winter in Junam Reservoir.

주남저수지 가장자리에서 쉬고 있는 쇠백로

먹이를 찾아 나서는 쇠백로

쇠백로 한 마리가 추위를 피해 나뭇가지에 앉아 웅크리고 있다.

왜가리

Grey Heron *Ardea cinerea*

황새목 백로과

왜가리는 저수지, 하천, 개울, 논, 호수, 하구, 갯벌 등에서 생활하는 흔한 여름 철새이자 텃새다. 주남저수지에서는 먹이를 잡기 위해 오랫동안 기다리는 모습을 자주 볼 수 있다. 저수지 주변의 야산 소나무와 활엽수에 백로 무리와 함께 둥지를 틀고 새끼를 키운다. 몸길이가 93cm로 우리 나라에서 볼 수 있는 백로과 중에서 덩치가 가장 큰 새다. 눈 위에서 뒷머리까지 2~3개의 긴 검은 댕기깃이 있다. 여름철에 부리는 주황색이고 다리는 붉은색을 띤 갈색이나, 겨울철에는 부리와 다리의 붉은색이 사라진다. 날 때에는 목을 S자 모양으로 굽히고 다리는 꽁지 바깥쪽 뒤로 뻗으며, 이동할 때에는 밤에도 난다. 날 때 검은색의 날개깃이 회색의 등이나 날개덮깃과 대조를 이룬다. 주로 저수지에서 어류, 개구리, 들쥐, 새우, 곤충류, 작은 새 등을 먹는다.

둥지를 틀 나무를 물색하고 있는 왜가리

Appearance L 93cm. In flight, neck shaped 'S' and grey upperwing coverts contrast with black flight feathers; white head and neck with black lateral crown stripes which become plumes in Br Season. ● Br: at times shows red bill with yellow tip, red legs; white crown. ● Non-Br: lacks reddish on bill and legs.

Breeding Breed with other egret colonies at pines or broad-leaved forests nearby reservoirs where food for chicks is available.

Habitat reservoirs, rivers, paddies, lakes, estuaries, mud flats

Food fish, frogs, mice, shrimps, insects, small birds

Status Often observed stand patiently waiting for food in Junam Reservoir.

멋진 날개깃을 뽐내며 둥지로 날아가는 왜가리

사랑을 속삭이고 있는 왜가리

해오라기

Black-crowned Night Heron *Nycticorax nycticorax*

황새목 백로과

해오라기는 논, 저수지, 호수, 소택지 등에서 번식하는 여름 철새이자 텃새다. 최근 주남저수지에서 집단 번식하는 것이 확인되고 있으며, 일부 적은 수의 무리가 월동 하기도 한다. 몸길이는 57cm이며, 수컷은 머리와 등이 녹색을 띤 검은색이다. 번식기에는 머리에 흰색의 댕기 2~3개가 길게 늘어져 있다. 뺨·목·가슴·배는 회색이고, 부리는 검은색, 다리는 노란색, 눈동자는 붉은색이다. 어류, 새우류, 곤충류, 뱀, 개구리 등을 먹는다.

Appearance L 57cm. Head and back greenish black; bill black and legs yellow; iris red; underparts white, sometimes grey. ● Br: two or three long white plumes on hindneck.

Breeding Breed colonially.

Habitat paddies, lakes, reservoirs, swamps

Food fish, shrimps, insects, snakes, frogs

Status Breeding colony was observed recently in Junam Reservoir, and small numbers winter around Junam.

저수지에서 먹이를 배부르게 먹고 난 해오라기가 나무기둥에 앉아 한가롭게 쉬고 있다.

큰 물고기를 사냥한 해오라기가 둥지로 날아가고 있다.

숲 속에서 먹이 사냥을 위해 웅크리고 있는 해오라기

추운 겨울을 보내고 있는 어린새

덤불해오라기
Chinese Little Bittern *Ixobrychus sinensis*

황새목 백로과

덤불해오라기는 갈대밭, 초습지, 물가의 풀숲, 논 등에서 생활하는 흔한 여름 철새다. 몸길이는 36cm로 해오라기류 중 제일 작다. 날 때는 날개깃이 검고 날개덮깃은 황갈색으로 보인다. 머리꼭대기에는 짧은 댕기가 있고 뺨과 옆목은 붉은색을 띤다. 수컷은 머리꼭대기가 검은색이고 몸은 황갈색이다. 암컷은 수컷과 비슷하나 가슴에 갈색 무늬가 있고 등은 황금색을 띤 밤색이다. 어류, 개구리, 갑각류, 곤충류 등을 먹는다.

Appearance L 37cm. Sexes alike. Crown, flight feathers and tail dark-brown. ●Male: wing-coverts, neck and belly yellowish-brown; short crest on crown; cheek and side neck reddish. ●Female: similar with male but brown streaks on underparts; back goldish-brown.

Habitat reservoirs, riparian areas, paddies

Food fish, frogs, crustaceans, insects

줄풀 줄기에 매달려 물고기를 사냥하는 덤불해오라기

꾀꼬리

Black-naped Oriole *Oriolus chinensis*

참새목 꾀꼬리과

꾀꼬리는 산림과 도시의 공원, 정원 등에서 흔하게 번식하는 여름 철새다. 동판저수지 주변의 활엽수와 왕버들 가지에 둥지를 틀고 새끼를 키운다. 목소리가 맑고 다양하며, 몸 전체가 선명한 노란색으로 매우 아름답다. 몸길이는 26cm이고, 암수의 형태가 비슷하다. 부리는 붉은색이며, 눈에서 뒷머리에 이르는 부분과 날개 끝은 검은색이다. 번식기에는 경계심이 강해 매우 공격적으로 변한다. 수컷은 암컷에 비해 노란색이 선명하며, 검은색 눈선의 폭이 넓다. 주로 곤충류와 나무 열매, 거미류 등을 즐겨 먹는다.

Appearance L 26cm. • Male: golden yellow body and wing-coverts with black eyestripes meeting on hindcrown and nape, black tail edged with yellow; bill freshly pink. • Female: black eyestripe is narrower and back and wings are greenish yellow.

Breeding Build nests in mixed forests or at willow branches nearby Dongpan Reservoir. Very aggressive in breeding season.

Habitat montane forests, city parks, gardens

Food insects, fruits, spiders

어미를 기다리고 있는 어린새

새끼에게 줄 먹이를 입에 물고 있는 어미 꾀꼬리

쇠물닭
Moorhen *Gallinula chloropus*

두루미목 뜸부기과

쇠물닭은 저수지와 강 등 내륙 습지 전역에서 번식하는 비교적 흔한 여름 철새이자 텃새다. 주남저수지에서는 갈대숲에 둥지를 짓고 새끼를 키우는 모습을 쉽게 볼 수 있으며, 겨울철에도 적은 수가 월동하는 모습을 관찰할 수 있다. 몸길이는 32.5cm이다. 암수 모두 몸 전체가 검은색이고 이마판이 붉은색이며 옆구리에 흰색 점무늬가 있다. 아래꼬리덮깃에는 2개의 큰 흰색 반점이 있으며, 부리의 기부와 이마는 진홍색이고 부리 끝과 다리는 노란색이다. 각종 식물의 종자, 곤충류, 연체동물, 갑각류, 환형동물 등을 즐겨 먹는다.

Appearance L 32.5cm. Blackish body, brownish above; white lines along flanks diagnostic; white undertail coverts seen as two white patches when tail is cocked; bill tip and legs yellowish; reddish on forehead and at base of bill.

Habitat wetlands such as reservoirs or riparian areas

Food seeds, insects, mollusks, crustaceans, annelids

Status Often seen breeding chicks at reeds in Junam Reservoir. Some individuals observed winter in Junam Reservoir.

여름 수초가 가득한 주남저수지를 누비며 먹이를 먹고 있다.

새끼를 부르고 있는 쇠물닭

갑자기 놀란 쇠물닭이 저수지 위를 뛰어가고 있다.

새끼와 함께 먹이를 찾아나선 어미 쇠물닭

꼬마물떼새

Little Ringed Plover *Charadrius dubius*

도요목 물떼새과

꼬마물떼새는 하천, 논, 해안, 호수, 저수지 등 어디서나 볼 수 있는 흔한 여름 철새로, 주남저수지 주변의 논에서 쉽게 만날 수 있다. 몸길이는 16cm이며, 물떼새 중 가장 작다. 몸은 전체적으로 갈색이며, 턱밑·가슴·배는 흰색이다. 눈 주위·이마·가슴은 검은색인데 눈 주위에는 노란색 안경을 쓴 듯한 눈테가 선명하게 있다. 저수지나 하천 주변의 자갈밭에서 번식하며, 알은 보호색이 뛰어나 눈에 잘 띄지 않는다. 어미새는 침입자가 나타나면 부상당한 것처럼 다리나 날개가 부러진 흉내를 내며 침입자를 유인한다. 새끼를 보호하려는 모성애가 매우 깊은 새다.

Appearance L 16cm. Smallest of plovers in korea. Upperparts brown; throat, breast and belly white. ● Br: black bar across crown bordered by white to rear; black breast band; yellow eyerings.

Breeding Breed at gravelly places nearby reservoirs or rivers; camouflaged eggs hardly found.

Habitat rivers, paddies, seashores, lakes, reservoirs

Status Observed at paddies around Junam Reservoir.

모내기가 끝난 논에서 먹이를 찾는 꼬마물떼새

깝작도요

Common Sandpiper *Actitis hypoleucos*

도요목 도요과

깝작도요는 저수지, 호수, 강, 염전 등에서 생활하는 흔한 여름 철새다. 주남저수지에서는 드물게 월동하기도 한다. 몸길이는 20cm이고, 암수 모두 몸의 윗면은 녹색을 띤 갈색이다. 목과 윗가슴에는 갈색 줄무늬가 있으며, 등과 날개덮깃의 깃 가장자리에 흑갈색의 띠가 있다. 바깥꼬리깃과 배는 흰색이다. 땅에 앉아 있을 때 머리와 꼬리를 까닥까닥거리는 행동이 특징이다. 곤충류, 새우, 거미류, 조개류 등을 즐겨 먹는다.

Appearance L 20cm. Upperparts greenish-brown; underparts and outer tail white.
● Br: narrow dark streaks on brown upperparts and on brown patches at sides of breast, which form breast-band.
Behavior Wag head and tail while sitting on the ground.
Habitat reservoirs, lakes, rivers, saltpans
Food insects, shrimps, spiders, small shellfish
Status Common summer visitor, but small numbers winter in Junam Reservoir.

물 빠진 저수지 주변을 거닐고 있는 깝작도요

노랑할미새

Grey Wagtail *Motacilla cinerea*

참새목 할미새과

노랑할미새는 산악과 산록의 얕은 물가, 호수가, 저수지, 특히 급류가 흐르는 개울 등에서 생활하는 흔한 여름 철새다. 인가의 지붕 틈이나 암벽 사이, 벼랑, 돌담 사이에 둥지를 튼다. 몸길이는 20cm이며, 머리와 등은 푸른 회색이고 배와 허리는 노란색이다. 눈썹선은 흰색, 다리는 살색이다. 여름에 수컷의 멱은 검은색이고, 암컷은 흰색이다. 파리류의 성충과 유충, 나비류, 메뚜기류, 거미류, 딱정벌레의 유충 등을 먹는다.

Appearance L 20cm. Grey crown, sides of head, nape and back; yellow rump and underparts; white supercilium; pale legs. ● Br: male throat in black and female in white.

Breeding Build nests at cliffs or between rocky areas.

Habitat riparian areas, lakes, reservoirs, fast flowing brooks

Food imagines and larvae of flies, butterflies, spiders, grasshoppers, larvae of ground beetles

나뭇가지 끝에 앉아 새끼에게 줄 먹이를 잔뜩 물고 있는 수컷

주변을 경계하는 암컷

알락할미새

White Wagtail *Motacilla alba*

참새목 할미새과

알락할미새는 개울과 하천가, 개활 농경지, 저수지, 급류가 흐르는 개울 등에서 서식하는 흔한 여름 철새다. 몸길이는 18cm이며 형태는 암수 동일하다. 겨울 철새인 백할미새와 유사하나 검은색의 눈선이 없으며 뒷머리·가슴·등·꼬리는 검은색 또는 회색이고 뺨과 배·날개가 흰색이다. 부리와 다리는 검은색이며, 날개에 검은 부분이 있다. 곤충류와 거미류를 먹는다.

Appearance L 18cm. Sexes alike. Rear head, breast, back and tail black; cheek, belly and wings white; blackish on median coverts; bill and legs black.

Habitat fast flowing brooks, rivers, paddies, reservoirs

Food insects, spiders

Status Common summer visitor.

저수지 주변의 덤불을 걸어다니며 먹이를 찾는 알락할미새

제비

Barn Swallow *Hirundo rustica*

참새목 제비과

제비는 사람들에게 가장 친숙한 여름 철새다. 우리 나라 어디에서나 흔하게 볼 수 있는데, 주로 인가 또는 건축물의 옥내외 적당한 곳에 둥지를 튼다. 귀소성이 강해서 매년 같은 둥지를 수리해서 사용한다. 몸길이는 18cm이며, 이마와 턱밑은 적갈색이고 멱 아래에는 검은색 띠가 있다. 배는 주황색을 띤 흰색이고 다리는 어두운 갈색이다. 파리류, 딱정벌레류, 하루살이류 등을 먹는다.

Appearance L 18cm. Dark orange forehead and throat bordered with black across the breast; white underparts, legs dark brown.

Habitat Build nests nearby human dwellings or in buildings; Often observed nearby human dwellings.

Food flies, beetles, mayflies

Status Well-known summer visitor to koreans. Commonly breed around Junam Reservoir.

새끼를 키울 둥지를 짓기 위해 저수지 주변의 진흙을 물고 있는 어미 제비

찌르레기

Grey Starling *Sturnus cineraceus*

참새목 찌르레기과

찌르레기는 인가 근처와 농경지, 정원 등에서 생활하는 흔한 여름 철새이며, 겨울철에는 주남저수지에서 떼지어 월동하는 모습을 볼 수 있다. 몸길이는 24cm이며, 형태는 암수 동일하다. 머리와 목·가슴은 암회색이고 이마는 흰색이다. 눈 주위·뺨·멱에 불규칙한 흰색의 반점이 있다. 배는 회색이며, 복부는 흰색을 띤다. 부리는 오렌지색이고 그 끝은 흑갈색이며 다리는 연한 오렌지색이다. 양서류, 곤충류, 풀씨 등을 먹는다.

Appearance L 24cm. Crown, neck and breast dark grey; bulky, with white tip to tail, across face and as narrow band on rump; underparts grey with white belly, bill orange tipped dark brown, legs pale orange.

Habitat nearby human dwellings, paddies, gardens

Food amphibians, insects, seeds

Status Common summer visitor in korea but colonies also winter in Junam Reservoir.

나뭇가지에 앉아 주위를 경계하고 있는 찌르레기

개개비

Oriental Great Reed Warbler *Acrocephalus orientalis*

참새목 딱새과

개개비는 저수지 주변의 갈대숲, 물가의 풀숲 등에서 쉽게 관찰되는 여름 철새다. 갈대숲을 부지런히 날아다니며 땅 위에 내려앉는 일이 거의 없고, 물가 갈대밭에서 "개개개 삐삐삐" 하며 매우 시끄럽게 울어댄다. 물가의 갈대밭에 살며, 갈대 줄기 사이에 마른 풀잎을 감듯이 매달아서 둥지를 만든다. 몸길이는 18.5cm이며, 암수 형태가 같다. 몸 위쪽은 연한 황색에 올리브빛 띤 갈색이고, 뚜렷하지 않은 흰색 또는 황갈색 눈썹선이 있다. 부리의 윗부분은 갈색이고, 아랫부분은 살색이며 다리는 청록색이다. 주로 곤충류를 먹는다.

Appearance L 18.5cm. Greyish-olive brown above; paler below with whitish throat and belly; distinct whitish supercilium; upper bill brown and lower bill pinkish; legs bluish-green.
Behavior Fly around reeds but rarely landing on the grounds.
Voice loud, grating "gae-gae-gae ppi-ppi-ppi"
Breeding Build nests at reeds weaving dry grasses.
Habitat reeds nearby reservoirs, riparian bushes
Food insects

갈대숲의 수다쟁이 개개비 한 마리가 갈대 줄기에 매달려 주변을 살피고 있다.

"개개개 삐삐삐" 주남저수지 갈대숲이 요란하게 짝을 부르는 개개비

물총새

Common Kingfisher *Alcedo atthis*

파랑새목 물총새과

물총새는 계곡, 저수지, 호수 등에서 관찰되며, 흙으로 된 절벽에 구멍을 파고 번식하는 흔한 여름 철새이자 희귀한 텃새다. 몸길이는 17cm이며 부리는 크고 깃털이 매우 아름답다. 머리와 어깨, 날개는 광택이 나는 녹색이며, 등은 선명한 파란색이다. 눈 옆·배·가슴·발은 붉은색이며, 턱밑·목 옆은 흰색이다. 수직으로 다이빙을 해 물고기를 잡는 사냥 기술이 일품이다. 주로 민물고기를 잡아먹는다.

Appearance L 17cm. big bill; bluish-green upperparts scaled with brighter spots contrast with orange underparts and feet; white throat and neck patch, orange lores and ear-coverts; bright blue line down center of back.

Breeding Dig holes on cliff soils for nest site.

Habitat valleys, reservoirs, lakes

Food freshwater fish; Vertically dive to surface water to hunt.

물고기 사냥에 나선 물총새가 조용히 먹이를 기다리고 있다.

솔부엉이

Brown Hawk Owl *Ninox scutulata*

올빼미목 올빼미과

솔부엉이는 야산, 공원과 정원, 도시의 인근 산림 등에서 생활하는 흔하지 않은 여름철새다. 주남저수지 주변의 숲에서 가끔 번식한다. 몸길이는 29cm이며, 선명한 노란색 눈이 특징이다. 머리와 등, 꼬리는 진한 밤색이고 흰색의 가슴과 배에는 굵은 세로줄무늬가 있다. 귀깃이 없으며, 다른 올빼미류와 달리 뚜렷한 얼굴면이 없다. 곤충류, 박쥐, 작은 조류 등을 잡아먹는다. 천연기념물 제324호이다.

Appearance L 29cm. Dark chocolate-brown upperparts, dark greyish-brown head and blackish bill; creamy-white underparts marked with broad rich-brown streaks and spots, lacks ear tufts, clear yellowish eyes.

Habitat mountains, parks, gardens, montane forests nearby cities

Food insects, bats, small birds

Status Sometimes breeding at forests nearby Junam Reservoir. Designated as natural monument No. 324.

주위를 경계하는 솔부엉이의 매서운 눈초리

주남에 잠시 머무르는 새
Passage Migrants

꺅도요
학도요
흑꼬리도요
청다리도요
메추라기도요
좀도요
개꿩
물수리
쇠솔새
장다리물떼새

꺅도요

Common Snipe *Gallinago gallinago*

도요목 도요과

꺅도요는 저수지, 논, 습지, 강가 등에서 생활하는 흔한 나그네새이자 흔하지 않은 겨울 철새다. 주남저수지에서는 작은 무리가 봄과 가을에 통과하거나 겨울을 난다. 몸길이는 26cm이며, 암수 모두 부리가 연한 갈색이고 끝부분은 검은색이다. 부리와 마주치는 곳에서 눈썹선의 넓이는 눈선의 넓이보다 좁다. 배는 잿빛을 띤 흰색에 갈색의 줄무늬가 있으며, 적갈색인 등에는 황갈색 무늬가 있고 꼬리에는 붉은 띠가 있다. 특히 몸에 비해 부리가 매우 길어 갯벌에서 먹이를 잡는 데 유리하다. 주로 지렁이, 곤충류, 갑각류, 무척추동물 등을 먹는다.

Appearance L 26cm. Bill light brown with black tip; supercilium width at base of bill usually appears narrower than eye-stripes; underparts ashy white with buffy-yellow lines; upperparts show buffy-yellow line with broader edges to outer edge of scapulars than inner; red band on tail; very long bill useful especially when catching food.

Habitat reservoirs, paddies, riparian areas

Food earthworms, insects, crustaceans, invertebrates

Status Small numbers pass through Junam at spring and fall. Some winter in Junam Reservoir.

긴부리 내밀어 수줍은 듯이 모습을 드러낸 꺅도요

학도요

Spotted Redshank *Tringa erythropus*

도요목 도요과

학도요는 저수지, 갯벌, 하구, 호수, 논 등에서 생활하는 흔한 나그네새다. 주남저수지에서는 물이 빠진 갈대숲 사이에 2~3마리씩 떼지어 먹이를 찾는 모습이 관찰된다. 몸길이는 30cm이고, 부리는 검은색이며 아랫부리의 기부는 붉은색이다. 부리 끝부분이 아래쪽으로 약간 휘어져 있다. 겨울깃은 몸 윗면이 회색을 띤 갈색이며 흰색 반점이 많고 눈썹선은 흰색이다. 여름깃은 몸 전체가 검은색이며 등에는 흰색의 반점이 많이 있다. 곤충류와 조개류, 개구리, 작은 새우 등을 먹는다.

Appearance L 30cm. ● Br: black, variably spotted white on upperparts; broken white eye-rings; black bill with red at base of lower bill; bill tip curved a bit. ● Non-Br: grey-brown upperparts, speckled with white, vermiculated on sides; dark eye-stripes and white supercilium.

Habitat reservoirs, mud flats, estuaries, lakes, paddies

Food insects, shellfish, frogs, shrimps

Status Usually two or three individuals observed searching for food at mud flats and reads in Junam Reservoir during spring and fall.

날개를 뽐내고 있는 학도요

먹이를 찾고 있는 학도요

흑꼬리도요

Black-tailed Godwit *Limosa limosa*

도요목 도요과

흑꼬리도요는 해안, 간척지, 갯벌, 하구 등에서 생활하는 나그네새다. 이동할 때 내륙의 물가, 저수지 등에서 쉽게 볼 수 있다. 몸길이는 38cm이며 암수의 형태가 비슷하다. 부리는 매우 길고 부리 끝은 검은색이다. 겨울깃은 머리와 등이 회갈색이고 가슴·배·꼬리의 기부는 흰색이며, 꼬리 끝에는 검은색 띠가 있다. 여름깃은 안면과 목·가슴·배는 밤색이고, 등은 짙은 회색에 검은 무늬와 붉은 무늬가 있다. 동물성인 곤충류, 거미, 새우, 달팽이, 지렁이 등을 먹는다.

Appearance L 38cm. • Br: rufous neck and breast; back dark grey speckled with black and red, very long bill tipped black and orange at base of bill. • Non-Br: greyish-brown upperparts, breast; belly and uppertail coverts white; black band at base of tail.

Habitat seashores, reclaimed lands, mud flats, estuaries

Food marine mollusks, insects, spiders, snails, earthworms

Status Observed nearby riparian areas and reservoirs during migration.

갈대숲 사이로 모습을 감추고 있는 흑꼬리도요

먹이를 먹고 다른 곳으로 이동하는 흑꼬리도요 무리

저수지 바닥에 긴 부리를 집어넣고 먹이를 먹고 있다.

청다리도요

Greenshank *Tringa nebularia*

도요목 도요과

청다리도요는 저수지, 하구, 갯벌, 호수 등에서 생활하는 흔한 나그네새다. 주남저수지에서는 이동 시기에 잠시 관찰된다. 몸길이는 35cm이며, 부리는 위로 약간 휘어져 있고 다리는 녹색이다. 암수 모두 여름철에는 머리와 목, 가슴의 줄무늬가 뚜렷하게 보인다. 겨울철에는 멱과 가슴은 흰색이며, 등에는 짙은 회색 무늬가 있고 배와 꼬리는 흰색이다.

Appearance L 35cm. Bill curved a bit upward; legs green. ● Br: head, neck and upper breast heavily streaked with grey. ● Non-Br: throat and breast turn white, back speckled with blackish grey; belly and tail white.

Habitat reservoirs, estuaries, mud flats, lakes

Status Observed for a short while passing through Junam Reservoir.

얕은 저수지에서 먹이를 노리고 있는 청다리도요

메추라기도요

Sharp-tailed Sandpiper *Calidris acuminata*

도요목 도요과

메추라기도요는 저수지, 호수, 갯벌, 논 등에서 생활하며 봄과 가을에 흔하게 통과하는 나그네새다. 주남저수지에서는 2~3마리가 무리를 지어 물 빠진 저수지를 걸어다니면서 먹이를 찾는 것을 자주 볼 수 있다. 몸길이는 21cm이고, 등에는 검은색과 밤색의 줄무늬가 있다. 목과 아랫가슴에는 검은색의 반점이 있으며, 배는 흰색이고 머리꼭대기는 적갈색이다. 눈 주위는 흰색이 뚜렷하고 흰색의 눈썹선이 있다. 주로 곤충류를 비롯한 다양한 무척추동물을 먹는다.

Appearance L 21cm. Black and brown speckles. ● Br: rufous upperparts, especially distinct crown; neck and breast heavily spotted brown; broad, dark V's on lower breast, belly and flanks. ● Non-Br: distinct rufous crown; upperparts duller.

Habitat reservoirs, lakes, mud flats, paddies

Food insects, invertebrates

Status Two or three individuals observed searching for food in Junam Reservoir.

물 빠진 저수지 바닥에서 분주하게 걸어다니며 먹이를 먹는 메추라기도요

좀도요

Red-necked Stint *Calidris ruficollis*

도요목 도요과

좀도요는 해안간척지, 하구, 갯벌 논 등에서 생활하는 흔한 나그네새다. 주남저수지에는 작은 무리가 이동할 때, 물 빠진 저수지에서 먹이를 찾는 모습이 가끔 관찰된다. 몸길이는 15cm이다. 다리는 검은색이며, 머리와 목·윗가슴은 붉은색이다. 부리 주변은 하얗고 등과 어깨는 어두운 갈색이며 겨울철에는 몸 윗변이 회갈색으로 변한다. 지렁이, 갑각류, 조개류 등을 먹는다.

Appearance L 15cm. Legs black.
- Br: upperparts largely rufous-chestnut; head, neck, upper breast rufous but whitish around bill.
- Non-Br: upperparts grey-brown.

Habitat estuaries, mudflats, rice paddies, reclaimed lands

Food earthworms, crustacean, shellfish

Status Small numbers observed in Juman Reservoir during migration

물 빠진 저수지에서 먹이를 찾는 좀도요

비를 맞으며 앙증맞게 서 있는 좀도요

개꿩

Grey Plover *Pluvialis squatarola*

도요목 물떼새과

개꿩은 갯벌, 하구, 모래 해안, 초습지, 저수지 등에서 생활하는 흔한 나그네새다. 1~5마리에서 수백 마리까지 무리를 형성하며 다니는데, 주남저수지에는 적은 무리가 월동한다. 몸길이는 29cm이며, 날 때 옆구리 위쪽에 검은색의 큰 반점이 있고, 날개 윗면의 흰색 띠와 허리의 흰색이 뚜렷하게 보인다. 여름깃은 몸의 아랫면·옆구리가 검은색이며 등과 날개 윗면에는 흰색과 검은색의 얼룩무늬가 있다. 겨울깃은 전체적으로 잿빛을 띤 흰색이다. 지렁이, 새우, 곤충류, 조개류, 식물의 씨 등을 먹는다.

Appearance L 29cm. ● Br: black underparts contrast with white line from forehead to vent; upperparts silvery with black spotting on back. ● Non-Br: finely streaked and spotted, appearing all grey, with darker upper and paler underparts, whiter towards vent.

Habitat mud flats, estuaries, seashore, reservoirs, grasslands

Food earthworms, shrimps, insects, shellfish, seeds

Status Small numbers winter in Junam Reservoir. Form colonies from less than five individuals to hundreds.

먹이를 찾아 저수지를 누비고 있는 개꿩

물수리 •

Osprey *Pandion haliaetus*

매목 수리과

물수리는 저수지, 하천, 하구, 양어장, 해안 등에서 생활하는 수리과의 희귀한 새다. 주남저수지에서는 매우 드물게 찾아오는 나그네새이자 겨울 철새다. 몸길이는 수컷이 58cm, 암컷은 60cm이며 펼친 날개길이는 147~169cm이다. 머리꼭대기와 목, 배는 흰색이고 몸 윗면은 어두운 갈색으로 몸 아랫면과 대조를 이룬다. 날개 폭이 좁고 꼬리는 짧으며 검은색의 눈선이 인상적이다. 물 위에서 정지 비행을 하다가 급강하하며 날카로운 발톱으로 물고기를 사냥하는 기술이 일품이다.

Appearance W 147~169cm. • Male: L 58cm. • Female: L 60cm. Upperparts brown with white crown; brownish breastband(more marked on female); clear white belly; black eyelines and broad dark eyestripes; wings narrow and tail short.

Habitat reservoirs, rivers, lakes, seashores

Food Hover over water searching for food and snap fish with sharp claws.

Status Rarely visit Junam Reservoir.

하늘을 가릴 듯 크고 넓은 날개를 펼치고 사냥감을 찾는 물수리

쇠솔새

Arctic Warbler *Phylloscopus borealis*

참새목 딱새과

쇠솔새는 봄과 가을에 통과하는 흔한 나그네이자 흔치 않은 여름 철새다. 이동시에는 산림, 공원, 정원 등에서도 볼 수 있다. 주로 나무에서 생활하며, 먹이를 찾으려고 땅에 내려오는 일이 거의 없다. 주남저수지의 둑에서는 나뭇가지 사이를 옮겨 다니는 모습을 쉽게 볼 수 있다. 몸길이는 13cm이며, 눈썹선은 길고 뚜렷하다. 몸 윗면은 갈색을 띤 녹색이고 아랫면은 노란색을 띤 회색이며, 다리는 연한 황갈색이다. 곤충류와 식물의 열매 등을 먹는다.

Appearance L 13cm. Dark olive green above with long, narrow, whitish supercilium which does not reach to forecrown; underparts greyish, tinged yellow; legs light yellowish-brown.

Ecology Usually sit on trees or move through branches.

Habitat montane forests, gardens, parks

Food insects, seeds

수양버들 나뭇가지에 앉아 먹이를 찾고 있는 쇠솔새

장다리물떼새

Black-winged Stilt *Himantopus himantopus*

도요목 장다리물떼새과

장다리물떼새는 매우 희귀한 나그네새이자 여름 철새다. 1998년 충남 서산간척지에서 번식하는 것이 처음으로 확인된 귀한 새다. 주로 논, 하구, 호수 등에서 생활하며, 주남저수지에는 다른 곳으로 이동할 때 잠시 머물렀다 간다. 몸길이는 37cm이다. 수컷은 머리꼭대기에서 목의 뒷면까지 검은색 또는 흑갈색이나 개체에 따라 차이가 있다. 암컷은 머리와 목이 흰색이거나 연한 회갈색이다. 부리는 검고 가늘며, 다리는 매우 길고 분홍색이므로 다른 종과 확연하게 구별된다. 주로 개구리, 도마뱀, 곤충, 작은 물고기, 조개류 등을 먹는다.

Appearance L 37cm. Extremely long pink legs and thin black bill. ● Male: black mantle and wing with glossy green, and white underparts. ● Female: dark brown mantle and wings; black or brown around eyes and nape

Habitat paddy fields, estuaries, lakes

Food frogs, lizard, insects, small fish, shellfish

Status Transient in Junam Reservoir in Gyeongnam. The only known breeding colony has been established in Seosan reclaimed land in Chungnam since 1998.

번식지로 이동하는 장다리물떼새가 주남저수지에 잠시 들러 긴 여행의 피로를 풀고 있다.

날씬한 몸매와 잘 빠진 다리가 돋보이는 장다리물떼새의 비행 모습

분주하게 먹이를 찾고 있는 장다리물떼새

사계절
주남에서 사는 새
Residents

직박구리
때까치
붉은머리오목눈이
오목눈이
곤줄박이
딱새
박새
동박새
쇠딱다구리
노랑턱멧새
멧새
방울새
참새
멧비둘기
종다리
어치
까치
꿩
매
황조롱이
큰소쩍새
흰목물떼새
물닭

직박구리

Brown-eared Bulbul *Hypsipetes amaurotis*

참새목 직박구리과

직박구리는 산림, 정원, 도시 공원 등 수목이 있는 곳이면 어디서나 쉽게 만날 수 있는 흔한 텃새다. 주로 야산, 평지 등에서 생활하며, 주남저수지 숲 속을 날아다니면서 매우 시끄럽게 운다. 몸길이는 28cm이며, 암수 형태가 같다. 몸 전체는 푸른빛이 도는 회색이고 날개는 회갈색이며 뺨은 밤색이다. 이마에서 뒷목까지 청색이 도는 회색이며, 가슴과 배에는 청회색에 검은색과 갈색 점무늬가 많다. 부리와 발은 검은색이다. 주로 곤충류와 식물의 열매 등을 먹고 개화기에는 꽃의 꿀을 즐겨 먹는다.

나뭇가지에 앉아
시끄럽게 울고 있는 직박구리

Appearance L 28cm. Overall greyish, more rusty brown on wings and belly; earcoverts chestnut; head, mantle and back heavily washed with silvery-grey; silvery grey breast with black, brownish and whitish spotting on underparts; bill and legs black.

Habitat montane forests, gardens, city parks; Often observed at any wooded areas.

Food insects, seeds, honey

잘 익은 감을 먹다가 주위를 경계하는 직박구리

고인 물을 마시며 목을 축이고 있는 직박구리

때까치

Bull-headed Shrike *Lanius bucephalus*

참새목 때까치과

때까치는 인가 주변과 개활지, 농경지, 야산 등에서 서식하는 텃새다. 겨울철에는 북부 지방의 번식 집단이 남하해 온 무리 때문에 남부 지방에서도 쉽게 볼 수 있다. 평지의 관목림에서 생활하고 먹이를 잡으면 나뭇가지에 꽂아 저장하는 습성이 있다. 몸길이는 20cm이며, 수컷의 머리는 붉은빛이 나는 갈색이고 등은 짙은 회색이며 날개와 꼬리는 검은색이다. 날개 끝에 흰 반점이 있는 것이 특징이다. 눈 옆에는 검은 눈썹선이 있으며 가슴과 배는 엷은 갈색을 띤 흰색이다. 암컷은 몸 전체가 적갈색과 밤색이고 배에 비늘무늬가 많다. 곤충류, 거미류, 양서류, 소형 조류 등을 먹는다.

말라버린 연줄기 끝에 앉아 수컷을 기다리는 암컷

Appearance L 20cm. ● Male: rufous-brown crown, grey back; tail and wings blackish overall; distinct white patch at base of primaries, conspicuous in flight; black eye-stripes; breast and belly light brownish-white. ● Female: lacks black mask, having only a dark brown bar behind the eye; body rufous-brown and chestnut overall; underparts with fine brown vermiculations.

Habitat nearby human dwellings, open fields, paddies, mountains

Food insects, spiders, amphibians, small birds

Status Colonies previously breed in northern areas often observed winter in southern areas.

수컷

붉은머리오목눈이

Vinous-throated Parrotbill *Paradoxornis webbianus*

참새목 딱새과

붉은머리오목눈이는 풀밭, 관목, 덤불, 갈대숲에서 흔하게 볼 수 있는 텃새이며 뱁새라고도 한다. "뱁새가 황새 따라가다 가랑이 찢어진다."는 속담에 나오는 매우 작은 새이기도 하다. 주남저수지에서는 떼를 지어 소란스럽게 날아다니는 모습을 쉽게 볼 수 있다. 몸길이는 13cm이며 암수의 형태가 비슷하다. 온몸은 황갈색이나 머리와 날개덮깃은 연한 적갈색이다. 부리는 짧고 굵으며, 다리는 매우 튼튼하다. 꼬리는 몸에 비해 좀 긴 편이다. 곤충류, 거미류, 풀씨 등을 먹는다.

Appearance L 13cm. Very common, tiny brown bird often occurring in large, noisy, unseen flocks moving through the undergrowth. Has brown upperparts and long tail, chestnut-brown cap and wings and pale buffish underparts; bill is short, grey, tipped paler; legs very strong.

Habitat shrubs, bamboos, grasslands, reeds

Food insects, spiders, grass seeds

둥지 주위에 웅크리고 앉아 주위를 경계하고 있는 붉은머리오목눈이

오목눈이

Long-tailed Tit *Aegithalos caudatus*

참새목 오목눈이과

오목눈이는 저지대와 산록의 임지와 산림 등에서 서식하는 흔한 텃새다. 번식기에는 암수가 같이 생활하지만 그 시기가 끝나면 무리를 짓고, 때로는 박새류와 함께 생활하기도 한다. 몸길이는 14cm이며 암수의 형태가 동일하다. 머리꼭대기와 턱밑, 가슴, 배는 흰색이고 뺨과 등, 날개, 꼬리는 검은색이다. 어깨와 아랫배는 붉은색이고 부리와 다리는 검은색이며 긴 꼬리가 특징이다. 곤충류, 거미류, 식물의 열매 등을 먹는다.

Appearance L 14 cm. Tiny, long-tailed bird of wooded areas; crown, throat, breast and belly white; upper mantle black, lower mantle and rump dull pink; primaries black with white edged tertials; tail long, black with white outer feathers.

Ecology Occasionally form colonies with other tits in non-breeding season.

Habitat lowlands, forests, mountains

Food insects, spiders, plant seeds

소나무 가지에서 먹이를 찾고 있는 오목눈이

곤줄박이

Varied Tit *Parus varius*

참새목 박새과

곤줄박이는 울창한 산림, 임지, 정원 및 공원 지역에서 흔하게 서식하는 텃새다. 활엽수림, 잡목림의 나무 구멍이나 인가 근처의 건물 틈 사이, 인공새집 등에서 번식한다. 몸길이가 14cm이며, 암수 모두 이마·얼굴·윗가슴은 크림색을 띤 흰색이다. 등과 배는 적갈색이며, 날개와 꼬리는 청회색이고 머리꼭대기·뒷목·멱은 검은색이다. 주로 곤충류, 거미류, 식물의 열매나 씨를 즐겨 먹는다.

동판저수지 주변의 나뭇가지에 앉아 쉬고 있는 곤줄박이

Appearance L 14cm. Black crown and throat with whitish cheeks, forehead; rear crown stripe and upper breast, variably washed with buff; back, wings and tail blue-grey, rear collar and underparts rufous.

Breeding Breed in the nest boxes or tree holes at mixed forests, deciduous forests or between the walls of buildings.

Habitat montane forests, wooded areas, gardens

Food insects, spiders, fruits, seeds

딱새

Daurian Redstart *Phoenicurus auroreus*

참새목 딱새과

딱새는 저수지, 산림 가장자리, 덤불, 정원, 공원 등지에서 흔하게 번식하는 텃새다. 인가부터 높은 산까지 폭넓게 서식하며 대개 단독으로 생활한다. 주남저수지 주변의 나뭇가지에 앉아 적갈색 꼬리를 까딱거리는 모습을 쉽게 만날 수 있다. 몸길이는 14cm이며, 수컷은 머리꼭대기와 뒷목은 회색이고 얼굴과 멱은 검은색이다. 날개에는 흰 점이 있으며 가슴, 배, 허리는 적갈색이다. 암컷은 몸 전체가 연한 갈색이며, 허리와 꼬리깃은 적갈색이다. 날개에는 수컷과 같은 흰색 반점이 있다. 곤충류, 식물, 열매를 즐겨 먹는다.

Appearance L 14cm. • Male: black face, back and wings; orange underparts; silvery-grey crown and nape with lighter brown markings; black tail with rufous outer tail feathers; white wing patch. • Female: rump and tail as male; body rather uniform brown with plain face, paler below; pale buff eye-ring.

Breeding Breeding areas variable from villages to high montane areas.

Behavior Live individually. Often observed wag tail sitting on the branches nearby Junam Reservoir.

Habitat reservoirs, shrubs, parks, gardens

Food insects, plants, fruits

대나무 끝에 앉아 주위를 경계하는 수컷

철새 보호구역 표지판에 앙증맞게 앉아 있는 암컷

억새 끝에 매달려 주위를 살피는 암컷

어미에게 먹이를 받아먹기 위해 입을 크게 벌리고 있는 새끼들

박새

Great Tit *Parus major*

참새목 박새과

박새는 저수지, 산림, 임지, 공원과 정원 등에서 흔하게 서식하는 대표적인 산림성 텃새다. 번식기에는 암수가 함께 생활하고 겨울철에는 진박새, 쇠박새, 동고비 등과 함께 무리를 지어 생활한다. 몸길이는 14cm이며, 암수 형태가 비슷하다. 머리는 광택이 나는 검은색이고, 등은 회색이며, 특히 흰색의 얼굴과 뺨이 인상적이다. 날개는 회색이며 흰색 띠가 한 개 있다. 배 가운데에는 검은색 세로줄이 있다. 턱밑에서 가슴, 배로 이어지는 검은 선의 폭이 넓으면 수컷이고, 폭이 좁으면 암컷이다. 주로 숲에서 생활하고 나무의 구멍이나 돌 틈 사이에 둥지를 만든다. 여름철에는 곤충을, 겨울철에는 식물의 종자나 열매를 즐겨 먹는다.

Appearance L 14cm. Sexes alike. Crown, throat and sides of neck black encircling white cheeks; wings bluish-grey, white wing bar; tail dark grey.
- Male: broad black line from throat to belly.
- Female: narrower, less distinct line on belly.

Ecology Couple as a unit in Br-season, but after breeding season form colonies with coal tits, marsh tits, and Eurasian nuthatchs.

Breeding Build nests in tree holes or between rocks.

Habitat Usually forests, reservoirs, parks, gardens

Food Mostly insects in summer, but seeds or fruits in winter.

둥지 입구에서 새끼에게 줄 먹이를 물고 주위를 경계하는 어미 박새

이소한 새끼를 부르는 어미 박새

이소한 새끼에게 먹이를 먹여 주는 어미 박새

동박새

Japanese White-eye *Zosterops japonicus*

참새목 동박새과

동박새는 산림, 공원, 정원 등지에서 번식하는 텃새다. 동판저수지 주변의 인가에 있는 감을 먹으려고 자주 찾아오며, 주로 저수지 주변의 야산과 대나무숲에서 관찰할 수 있다. 몸길이는 11.5cm로 크기가 매우 작으며, 암수의 형태가 같다. 몸 윗면은 어두운 황록색이고 가슴 옆과 옆구리는 연한 갈색이다. 흰 안경을 쓴 것처럼 눈 주위에 흰색의 둥근테가 특징이다. 곤충류, 거미류 등을 즐겨 먹는다. 특히 동백꽃 꿀을 좋아해 동백나무숲에서 쉽게 볼 수 있으며, 혀끝에 있는 붓 모양의 돌기로 꿀을 편하게 먹을 수 있다.

Appearance L 11.5 cm. Sexes alike. Small, green upperparts, pale brown breast and flanks; distinct white eye-rings; tongue tip with brush like papillas for sucking honey.

Habitat montane areas, parks, gardens

Food insects, spiders; prefer camellia honey.

Status Often observed at mountains and reeds nearby reservoirs. Visit villages nearby Dongpan Reservoir, especially at persimmon orchards.

잘 익은 감을 먹고 있는 동박새

잘 익은 감을 실컷 먹고 배가 부른 동박새가 전깃줄에 앉아 쉬고 있다.

쇠딱다구리
Japanese Pygmy Woodpecker *Dendrocopos kizuki*

딱다구리목 딱다구리과

쇠딱다구리는 산림이나 야산, 공원 등에서 생활하는 흔한 텃새다. 주남저수지 주변 야산에서 쉽게 관찰할 수 있으며 비번식기에는 박새류와 함께 생활한다. 몸길이는 15cm로 우리 나라에서 서식하는 딱다구리류 중 몸의 크기가 가장 작다. 머리 위에서부터 몸의 위쪽이 어두운 갈색이며 흰색 눈썹선과 뺨선이 있다. 등에는 흰색의 가로줄무늬가 있고 배와 옆구리는 갈색 세로줄무늬가 뚜렷하게 있다. 수컷의 뒷머리에는 붉은 점이 있지만 야외에서는 잘 보이지 않는다. 주로 곤충류와 식물의 열매를 먹는다.

Develop flocks with tits in non-breeding season.

Appearance L 15cm. Smallest woodpecker in Korea. Brownish-grey head with white supercilium, moustachial stripe; darker grey-brown upperparts with white barring; brownish-white underparts with brown streak. ● Male: small red spot behind eye.

Habitat montane forests, parks, wooded areas

Food insects, fruits

Status Common around wooded areas nearby Junam Reservoir.

먹이를 물고 새끼가 있는 둥지로 들어가는 쇠딱다구리

노랑턱멧새

Yellow-throated Bunting *Emberiza elegans*

참새목 멧새과

노랑턱멧새는 야산, 들, 평지, 논밭 등에 널리 번식하는 흔한 텃새다. 여름철에는 암수가 함께 생활하지만 겨울철에는 무리를 짓는다. 몸길이는 16cm이며, 머리에는 우아하고 품위 있는 머리깃이 있다. 수컷은 눈 주위·뺨·가슴이 검은색이며, 암컷은 갈색이고 가슴 색이 수컷에 비해 연하다. 수컷의 턱밑은 노란색이고 암컷은 연한 갈색이며, 배는 흰색이고 나머지 부분은 갈색에 적갈색과 검은색 무늬가 있다. 여름철에는 주로 각종 곤충의 유충과 성충을 잡아먹으며, 겨울철에는 풀씨를 즐겨 먹는다.

Appearance L 16cm. Distinctive crest and greyish rump. ● Male: black mask, crest, and breast patch; throat and hindcrown yellow; upperparts greyish-brown streaked with dark chestnut on back; underparts white with chestnut streaks on sides of breast and flanks. ● Female: lacks black on head and breast; brown crest and ear-coverts, pale yellowish-brown supercilium and throat.

Breeding Couple as a unit in Br-season but form flocks after Br-season.

Habitat mountains, fields, flat lands, paddies

Food Larvae and imagines in summer, but grass seeds in winter.

노랑턱멧새 수컷 한 마리가 나뭇가지에 앉아 암컷을 기다리고 있다.

멧새

Meadow Bunting *Emberiza cioides*

참새목 멧새과

멧새는 저수지 주변의 논경지나 개활지에서 생활하는 흔한 텃새다. 주남저수지 주변의 야산에서 쉽게 관찰된다. 몸길이는 16cm이고 암수의 형태가 비슷하다. 수컷은 머리꼭대기와 뺨, 허리는 밤색이며 멱은 희고 눈썹선은 뚜렷한 흰색이다. 턱선은 검은색, 배는 연한 밤색이며 등에는 밤색에 검은색의 줄무늬가 있다. 잡초의 씨와 곤충류의 유충과 성충을 먹는다.

Appearance L 16cm. Sexes alike. Rufous crown; white supercilium and throat; chestnut ear-coverts, white submoustachial and black marlar stripe; unstreaked reddish-brown underparts; back brownish with dark streaks.
Habitat paddies or open stands nearby reservoirs.
Food weed seeds, larvae, imagines
Status Often observed at mountains around Junam Reservoir.

새순이 나온 나뭇가지에서 쉬고 있는 멧새

방울새

Oriental Greenfinch *Carduelis sinica*

참새목 되새과

방울새는 숲, 개활지, 정원 등에서 서식하는 흔한 텃새다. 주남저수지 주변의 나뭇가지 사이로 날아다니는 모습을 자주 관찰할 수 있다. 몸길이는 14cm이고 암수 형태가 비슷하다. 몸은 올리브색을 띤 갈색이며, 머리와 가슴은 갈색을 띤 녹색이다. 날개깃과 꼬리는 검고, 날개 중앙 꼬리의 양쪽은 노란색이며 부리와 다리는 살색이다. 수컷의 머리 부분은 황록색보다 강하고 눈에서 부리의 기부까지는 검은색이다. 암컷은 수컷과 비슷하나 흐린 색이다. 잡초의 씨, 곡류, 곤충류 등을 먹는다.

Appearance L 14cm. Sexes alike; greenish finch with pale pink bill and yellow flashes on wings and tail in flight; legs pink. • Male: overall greenish brown, with grey crown and nape, and face washed greenish with dark lores; undertail and outer uppertail coverts yellow. • Female: more brown than green.

Habitat forests, paddies, gardens

Food weed seeds, grains, insects

Status Common in wooded areas nearby Junam Reservoir.

동요의 주인공 방울새가 나뭇가지에 앉아 있다.

참새

Tree Sparrow *Passer montanus*

참새목 참새과

참새는 텃새 중에서 사람과 가장 친숙한 새로 그 수 또한 매우 많다. 높은 산악 지역을 제외한 전지역에 폭넓게 분포하며, 번식기에는 암수가 한 쌍씩 생활하나 번식 후에는 무리를 지어 생활한다. 인공새집, 기와 및 건물의 틈, 전봇대 구멍 등에서 번식한다. 몸길이는 14.5cm이며, 암수의 형태는 같다. 등은 갈색에 검은색의 줄무늬가 있다. 뺨은 흰색에 검은색 점이 있으며 배는 회색이다. 주로 곤충류, 낟알, 풀씨, 나무 열매 등을 먹는다. 예로부터 참새는 곡식이 익기 시작할 무렵부터 낟알을 먹기 때문에 사람들은 참새를 막으려고 허수아비를 세우기도 했다.

Appearance L 14.5cm. Sexes alike; crown plain chestnut, white collar and cheeks with black cheek spot; back rich brown streaked black; belly grey.

Breeding Family as a unit in Br-season but form colonies with other couples after breeding. Breed at nest boxes, between buildings or roofing tiles, in the holes of electric poles.

Habitat Distributed widely except high montane areas.

Food insects, grains, grass seeds, fruits

우리에게 가장 친숙한 새, 참새

어린새

멧비둘기

Rufous Turtle Dove *Streptopelia orientalis*

비둘기목 비둘기과

멧비둘기는 우리 나라의 대표적인 비둘기로서 산림, 임지, 정원, 수지, 개활지 등 어디에서나 볼 수 있는 흔한 텃새다. 몸길이는 33cm이며, 암수 모두 진한 적갈색이다. 머리·가슴·배는 살색이고 옆 목에는 검은색의 가로 줄무늬가 4~5개 있다. 날개 중간은 잿빛을 띠며, 날개 끝과 꼬리는 검은색이다. 낟알, 식물의 씨와 열매, 콩 등을 먹는다.

Appearance L 33cm. Common dove with greyish or pinkish brown head and underparts; black stripes with whitish edges on each side of the neck; rump and uppertail coverts grey; ashy secondaries with black tip; dark tail with pale grey tip.

Habitat forests, stands, gardens, aquatic areas, open fields

Food grains, seeds, fruits, bean

따스한 햇볕을 받으며 아침 식사를 하는 멧비둘기

종다리

Eurasian Skylark *Alauda arvensis*

참새목 종다리과

종다리는 저수지 주변의 논, 개활지, 소택지 등에서 생활하는 텃새이자 겨울 철새다. 주남저수지에서는 많은 무리가 떼지어 날아다니는 모습이 자주 관찰된다. 몸길이가 18cm이며, 몸은 황갈색이고 둥근 머리깃이 있다. 날개와 가슴에는 검은색의 줄무늬가 있으나 머리와 등, 작은날개덮깃과 가운데날개덮깃은 적갈색이고 무늬가 없다. 날 때에는 바깥꼬리깃과 둘째날개깃의 끝부분이 흰색이다. 주로 잡초의 씨와 곤충류의 유충을 먹는다.

Appearance L 18cm. Yellowish-brown body; noticeably crested; black stripes on wing coverts and breast; white outer tail feathers and white trailing edge to secondaries visible in flight.

Habitat paddies nearby reservoirs, open fields, swamps

Food weed seeds, larvae

Status Many colonies often observed fly around Junam Reservoir.

동판저수지 주변 논에서 먹이를 찾고 있는 종다리

어치

Jay *Garrulus glandarius*

참새목 까마귀과

어치는 산림에서 흔하게 서식하는 대표적인 산림성 조류이다. 겨울철이 되면 주변 야산에서 주남저수지로 이동하는 것을 쉽게 볼 수 있다. 몸길이는 33cm이며, 머리는 적갈색이고 몸은 회갈색이다. 머리꼭대기에는 검고 가는 줄무늬가 있으며 파란색 광택이 나는 날개덮깃에는 검은색 줄무늬가 있다. 조류의 알이나 새끼, 양서류, 설치류, 도마뱀, 벼, 옥수수, 도토리 등을 먹는다.

Appearance L 33cm. Rusty brown head, crown with speckled stripes; pale greyish brown back; diagnostic blue-glossed wing-coverts with blackish speckles.
Habitat montane forests
Food chicks, eggs, amphibians, rodents, lizards, corns, acorns
Status Often observed moving through mountains nearby Junam Reservoir.

가을철이면 주남저수지 상공을 날아다니는 어치를 종종 볼 수 있다.

까치

Black-billed Magpie *Pica pica*

참새목 까마귀과

은행나무가지에 앉아 주위를 살피는 까치

까치는 전국에서 흔하게 번식하는 텃새로, 사람과 매우 친숙한 새다. 우리 나라에서는 '까치가 울면 반가운 손님이 온다'는 풍습이 있을 정도로 길조로 알려져 있으며, 전국 어디서나 쉽게 볼 수 있다. 그러나 일본에서는 번식지 자체를 천연기념물로 지정하여 보호하고 있는 매우 희귀한 새다. 몸길이는 45cm이며, 암수의 형태가 같다. 어깨깃·배·첫째날개덮깃은 하얗고 머리·가슴·등·부리·꼬리는 검은색이다. 몸의 나머지 부분은 녹색을 띠지만 전체적으로 자색 광택이 나는 흑색이다. 들쥐, 양서류, 파충류, 농작물, 과일, 죽은 동물 등을 먹는다.

Well known as bird for luck and very familiar with humans. Very rare species breeding areas of which are designated as natural monument in Japan.

Appearance L 45cm. Unmistakable; black head, bill, breast, back, tail, wings, and undertail coverts; tail is long and wedge-shaped and like wings, glossed with blue, green vand purple.

Breeding Commonly breed all over Korea.

Food mice, amphibians, reptiles, grains, fruits, carcasses

꿩

Ring-necked Pheasant *Phasianus colchicus*

닭목 꿩과

꿩은 우리 나라 전역에서 서식하는 흔한 텃새이며, 대표적인 사냥새다. 주로 농경지, 숲의 가장자리, 산기슭 등에서 생활하며, 주남저수지 주변의 야산에서 쉽게 관찰할 수 있다. 수컷의 몸길이는 80cm, 암컷은 60cm이다. 길고 뾰족한 꼬리가 특징이다. 수컷의 깃털은 온갖 색이 어우러져 매우 화려하고, 눈 주위에는 닭 벼슬과 같은 붉은색 피부가 나출되어 있다. 특히 번식기에 나출 부위가 더 넓어진다. 목에는 흰 테가 있으며, 목테 위에는 금속 광택이 나는 어두운 녹색이다. 목테 밑으로는 갈색과 황갈색의 바탕에 갈색과 검은 반점이 있다. 수컷은 번식기 때 암컷을 차지하기 위한 싸움에 사용하는 '며느리발톱'이 있다. 주로 식물의 씨와 곤충류 등을 먹는다.

Appearance Typical landbird, and popular hunting bird in Korea. Long pointed barred tail, and strong legs. ● Male: reddish skin around eyes, glossy dark green upper neck, white neck-ring, and spurs. Reddish skin around eyes becomes wider in breeding season. ● Female: pale brown and spotted.

Habitat lowland forest edge, agricultural lands, parks, grasslands

Food seeds, insects etc

숲 속에 숨어 있던 수컷 한 마리가 먹이를 먹기 위해 밭으로 나오고 있다.

매

Peregrine Falcon *Falco peregrinus*

매목 매과

매는 섬 등의 절벽에서 번식하고 겨울철에는 저수지 주변이나 농경지와 개활지 등에서 도래한다. 주남저수지에서는 겨울철에 매우 드물게 확인되는 텃새로, 우리 나라에서는 천연기념물 제323호로 지정하여 보호하고 있다. 수컷의 몸길이는 42cm이고 암컷은 49cm이며 펼친 날개길이는 84~120cm이다. 등은 짙은 회색이고 배는 회갈색에 검은색 줄무늬가 있다. 눈테는 노란색이며 눈밑의 검은 무늬가 크고 뚜렷한 것이 특징이다. 주로 작은 새를 사냥해서 먹으나 가끔 설치류를 먹기도 한다.

Appearance W 84~120cm. • Male: L 42cm. • Female: L 49cm. Dark grey upperparts contrast with pale underparts narrowly barred; yellow eyelines; white throat and broad black moustaches.
Breeding Breed at cliffs in islands.
Habitat nearby reservoirs, paddies, open fields
Food small birds, occasional rodents
Status Rarely observed in Junam Reservoir. Designated as natural monument No. 323.

동판저수지 논 주변의 덤불 위에서 매서운 눈초리로 노려보고 있는 매

주남저수지에서 사냥을 나선 매

황조롱이

Common Kestrel *Falco tinnunculus*

매목 매과

황조롱이는 저수지, 숲, 개활지, 농경지, 도심지 등에서 서식하는 비교적 흔한 텃새다. 몸길이가 수컷은 33cm, 암컷은 38.5cm이며 펼친 날개길이는 68~76cm이다. 수컷의 머리와 꼬리는 푸른빛을 띤 회색이며, 가슴과 배는 밝은 갈색 바탕에 흑갈색의 줄무늬가 있다. 등과 날개 윗면에는 적갈색 바탕에 검은색 반점이 많고, 꼬리는 회색이며 끝에는 검은색의 넓은 띠가 있다. 발과 눈테는 노란색이며 날개깃은 회색이다. 암컷은 머리와 등, 꼬리가 적갈색이고 꼬리에는 흑갈색의 가는 줄이 7~8개 있다. 먹이를 찾으려고 공중을 돌다가 일시적으로 정지 비행을 하는 습성이 특징적이다. 설치류, 파충류, 작은 새 등을 잡아먹는다. 천연기념물 제323호이다.

Appearance W 68~76cm. • Male: L 33cm. Head and rump bluish-grey; rufous back and wing coverts spotted with black and pale buff underparts spotted with black; grey tail has black subterminal band and white tip; feet and eye-rings yellow. • Female: L 38.5cm. Rufous head and upperparts with triangular black spots and tail.

Habitat reservoirs, forests, open fields, paddies, cities

Food rodents, reptiles, small birds; Hover with its tail spread searching for food.

Status Designated as natural monument No. 323.

높은 전기줄에 앉아 먹이를 주시하는 황조롱이 수컷

정지 비행으로 사냥감을 노리고 있는 황조롱이

이소한 지 얼마 되지 않은 어린새가 바위에서 어미를 기다리고 있다.

큰소쩍새

Collared Scops Owl *Otus lempiji*

올빼미목 올빼미과

바위 위에 앉아 주위를 매섭게 노려보는 큰소쩍새

큰소쩍새는 흔하지 않은 텃새이자 나그네새다. 주로 산림이나 인가 근처의 야산 등에서 서식하며, 주남 저수지 주변에서는 야행성인 큰소쩍새가 드물게 확인되기도 한다. 몸길이는 24cm이고 생김새는 소쩍새와 비슷하나 크기가 조금 더 크며 귀깃도 길다. 눈동자는 주황색이며 다리는 깃털로 덮여 있다. 가슴에는 세로줄무늬에 가로줄무늬가 섞여 있다. 주로 곤충류와 설치류를 즐겨 먹는다. 천연기념물 제324호이다.

Appearance L 24cm. Similar to Eurasian Scops Owl, But slightly larger and have larger ear tufts; dark orange eyes; hairy legs.

Habitat montane forests, mountains nearby human dwellings

Food insects, rodents

Status Rarely observed nearby reservoirs. Designated as natural monument No. 324.

야행성인 큰소쩍새가 눈이 부셔 눈을 감고 있다.

흰목물떼새

Long-billed Plover *Charadrius placidus*

도요목 물떼새과

흰목물떼새는 돌과 자갈이 있는 강, 하천 내륙의 호수 등에서 생활하는 흔하지 않은 텃새이며, 겨울철에 가끔 주남저수지에서 확인할 수 있다. 몸길이는 21cm이며, 형태는 꼬마물떼새와 매우 흡사하지만 부리가 더 길고 납작하다. 검은색의 부리는 아랫부리의 기부만 황색이며 노란색 눈테는 꼬마물떼새보다 가늘고 희미하다. 이마는 흰색이고 굵은 가로줄무늬가 있으며, 눈 위에는 흰 눈썹선이 있다. 등 · 어깨깃 · 허리 · 위꼬리덮깃은 잿빛갈색이다. 가슴 · 배 · 옆구리는 흰색, 가슴 옆은 잿빛갈색, 다리는 연한 황갈색이다. 곤충류와 무척추동물을 즐겨 먹는다.

Appearance L 21cm. Similar with Little-ringed Plover with longer and more flattened bill; bill largely black; yellow eyering thinner and fainter than Little-ringed Plover; black band on forehead; whitish eyebrow; upperparts greyish brown; underparts white; legs yellowish brown.

Habitat stony riverbeds and inland lakes

Food insects, invertebrates

Status Sometimes winter in Junam Reservoir.

먹이를 찾아 물 빠진 주남저수지 바닥 위를 이리저리 돌아다니는 흰목물떼새

물닭

Coot *Fulica atra*

두루미목 뜸부기과

물닭은 저수지, 강, 호수, 내륙 습지의 갈대숲과 줄풀이 우거진 저수지 둥지에서 번식하는 텃새다. 주남저수지에서는 적은 무리가 번식하며 오리류와 같이 섞여 월동한다. 몸길이는 40cm이며, 암수 모두 몸이 통통하다. 몸 전체가 검고 흰색의 부리와 이마판이 뚜렷하다. 눈은 붉은색이고 발은 검은색이며, 판족을 가지고 있어 물에서 헤엄치기에 적합하고 잠수에도 능하다. 날 때는 몸 전체가 검지만 둘째날개깃의 흰색 끝부분이 보인다. 둥지는 수초를 엮어서 만들며 주로 화분, 곤충류, 복족류, 식물의 어린잎, 작은 물고기 등을 즐겨 먹는다.

Appearance L 40cm. Body blackish overall; white frontal shield and pale pinkish-white bill diagnostic; red iris; has webbed feet and good at swimming and diving.
Breeding Build nests weaving aquatic plants.
Habitat reservoirs, rivers, lakes, reeds
Food pollens, insects, gastropods, small fish, browse
Status Small numbers breed and winter in Junam Reservoir.

얼음 위를 다정하게 걷고 있는 물닭

새끼들에게 먹이를 주고 있는 어미 물닭

물닭 부부 한 쌍

꽁꽁 얼어붙은 동판저수지를 일열로 줄 지어 걷고 있는 물닭 무리

주남의 자연

암끝검은표범나비
사향제비나비
작은멋쟁이나비
별박이세줄나비
암먹부전나비
열점박이잎벌레
나비잠자리
왕오색나비
무당벌레
호랑나비
노랑띠하늘소
큰허리노린재
애매미
벼메뚜기
큰등줄실잠자리
고마로브집게벌레
혹바구미
톱다리개미허리노린재
방아깨비
깃동잠자리
긴알락꽃하늘소
등검은메뚜기
청개구리
남색초원하늘소
노랑어리연꽃
가시연꽃
금불초
박주가리
닭의장풀
이질풀
돌나물
자운영
구절초
자라풀
마름
인동
물옥잠
생이가래

1 암끝검은표범나비	5 암먹부전나비	9 무당벌레
2 사향제비나비	6 열점박이잎벌레	10 호랑나비
3 작은멋쟁이나비	7 나비잠자리	11 노랑띠하늘소
4 별박이세줄나비	8 왕오색나비	

1 큰허리노린재
2 애매미
3 벼메뚜기
4 큰등줄실잠자리
5 고마로브집게벌레
6 혹바구미
7 톱다리개미허리노린재

1 방아깨비
2 깃동잠자리
3 긴알락꽃하늘소
4 등검은메뚜기
5 청개구리
6 남색초원하늘소

1 노랑어리연꽃   4 박주가리   7 돌나물
2 가시연꽃   5 닭의장풀   8 자운영
3 금불초   6 이질풀   9 구절초

1 자라풀
2 마름이 가득한 주남저수지
3 인동
4 물옥잠
5 마름
6 생이가래

참고문헌

국내도서

김재일, 『생태기행』, 당대, 2000.
배성환, 『두루미』, 다른세상, 2000.
원병오, 『천연기념물 : 동물편』, 대원사, 1992.
원병오, 『하늘빛으로 물든 새』 1·2·3, 중앙M&B, 1999.
원병오, 『한국의 조류』, 교학사, 1993.
윤무부, 『새야 새야 날아라』, 창조문화, 1999.
윤무부, 『원색 한국조류도감』, 1989.
윤무부, 『원색도감 한국의 새』, 교학사, 1992.
이우신 글·김수만 사진, 『우리가 정말 알아야 할 우리 새 백가지』, 현암사, 1994.
이우신 외, 『야외원색도감 한국의 새』, LG상록재단, 2000.

국외도서

具木広造, 『日本の野鳥 590』, 平凡社, 2000.
山形則男·吉野俊幸·桐原政志, 『日本の鳥550 水辺の鳥』, 文一綜合出版, 2000.
山形則男·吉野俊幸·五百沢日丸, 『日本の鳥550 山野の鳥』, 文一綜合出版, 2000.

찾아보기

ㄱ
가창오리 42, 43
개개비 124, 125
개꿩 137
개똥지빠귀 96, 97
개리 57
검독수리 79
고니 64, 65
고방오리 46, 47
곤줄박이 149
긴부리도요 88
까치 163
깝작도요 119
꺅도요 130
꼬마물떼새 118
꾀꼬리 115
꿩 164

ㄴ
넓적부리 39
노랑부리저어새 68, 69
노랑턱멧새 156
노랑할미새 120
논병아리 89

ㄷ
댕기물떼새 84, 85
댕기흰죽지 53
덤불해오라기 114
독수리 78
동박새 154
되새 93

두루미 76
딱새 150, 151
때까치 146

ㄷ
말똥가리 82
매 165
메추라기도요 135
멧비둘기 160
멧새 157
물닭 170, 171
물수리 138
물총새 126
민물가마우지 73
민물도요 86, 87

ㅂ
박새 152, 153
방울새 158
밭종다리 91
백할미새 90
붉은머리오목눈이 147
붉은부리갈매기 83
뿔논병아리 72

ㅅ

솔부엉이 127
쇠기러기 58, 59
쇠딱다구리 155
쇠물닭 116, 117
쇠백로 106, 107

182

쇠솔새 139
쇠오리 41
쑥새 95

ㅇ

알락오리 48
알락할미새 121
어치 162
오목눈이 148
왜가리 110, 111
원앙 50, 51

ㅈ

장다리물떼새 140, 141
재두루미 74, 75
잿빛개구리매 81
저어새 70
제비 122
좀도요 136
종다리 161
중대백로 104, 105
중백로 106, 107
직박구리 144, 145
찌르레기 123

ㅊ

참새 159
청다리도요 134
청둥오리 36, 37
청머리오리 45

ㅋ

캐나다기러기 61
콩새 94
큰고니 66, 67
큰부리큰기러기 62, 63
큰소쩍새 168

ㅎ

학도요 131
해오라기 112, 113
혹부리오리 49
홍머리오리 44
홍여새 92
황로 102, 103
황새 71
황오리 40
황조롱이 166, 167
흑꼬리도요 132, 133
흑두루미 77
흰기러기 60
흰날개해오라기 98, 99
흰목물떼새 169
흰비오리 56
흰뺨검둥오리 38
흰뺨오리 52
흰죽지 54, 55
흰죽지수리 80

주남저수지 안내도

주남저수지 찾아가는 길

승용차	남해고속도로 → 동창원IC → 창원 방면 14번 국도 → 동읍 본포 입구에서 우회전하여 직진(동창원에서 약 5km)
열차	경전선을 타고 창원역(055-292-7788)에서 하차
현지교통	마산시외버스터미널, 창원역에서 21-5, 21-6, 21-8, 391 / 정우상가, 한마음병원에서 92-1 / 창원시외버스터미널에서 92-4 / 39사단 앞에서 391, 392번 버스를 이용 → 가월 마을 입구에서 하차 → 1km 정도 걸으면 도착(약 20분 소요)

주남저수지에 대한 정보를 얻을 수 있는 곳

주남저수지 홈페이지(www.junam.com)
동읍사무소(055-291-3001)

숙박시설

동읍내	춘광장여관(055-291-7513)
저수지 입구	해훈민박(055-253-7767)
김해시 진영읍	이조모텔(055-342-0222), 한솔파크장(055-342-3022)
창원시내	호텔인터내셔날(055-281-1001), 창원관광호텔(055-283-5551), 캔버라관광호텔(055-268-5000), 올림픽관광호텔(055-285-3331), 중앙장호텔(055-284-1721), 남선호텔(055-281-0071), 아르모호텔(055-282-9977)

추천 음식점 및 주변 관광지

추천 음식점

주남저수지 주변의 먹거리로는 민물고기 매운탕, 사육오리고기, 옻닭이 인기 있다. 메기·붕어 매운탕, 향어회는 해훈장가든(055-253-7853)이, 오리, 옻닭, 백숙은 미풍가든(055-253-7345)과 미로가든(055-253-7058)이 유명하다. 대나무통 한방삼계탕은 장수마을(055-291-2929), 생고기와 냉면은 석촌(055-291-7337)이 일품이다. 가월마을의 전통찻집 수빙, 소리마을에서는 창원 동읍에서 많이 생산되는 농산물인 창원단감, 수박을 싸게 살 수 있으며, 겨울철에는 무공해 연근도 판다.

주변 관광지

주남저수지에서 약 17km 떨어진 북면 신촌리에 있는 마금산온천(055-298-5162)은 라듐 온천으로 유명하며, 그 밖에 신촌온천(055-299-8080), 우성온천(055-299-4000), 용암온천(055-299-7100), 대원리조트(055-299-7007), 신라온천(055-298-1914), 수로왕릉, 가야고분, 당항포관광단지, 성상패총, 창원의 집도 인기 있는 곳이다. 특히 온천은 탐조여행에서의 피로를 풀 수 있어 탐조객과 관광객이 주로 찾는 관광지다.